Poodle

Textbook of trimming

プードル・トリミングの教科書

金子幸一 著

緑書房

プードル・トリミングの教科書

chapter 1

04 はじめに

05 プードルの基本情報

06 プードルのスタンダード（犬種標準）
07 プードルの骨格構成・各部名称
08 プードルの歴史・沿革
10 column　プードルの被毛

chapter 2

11 プードルのグルーミング

12 ブラッシング
24 コーミング
26 爪切り
30 犬の移動
32 肛門腺絞りと耳掃除
34 シャンピング
40 タウエリングとドライング

chapter 3
47 プードル・カットの基本
～「金子メソッド」で学ぶ

- 48 「金子メソッド」の基本
- 50 ラム・クリップで学ぶシザー・ワークの基本
- 62 クリッピングの基本テクニック
- 64 顔バリの手順とポイント
- 70 足バリの手順とポイント

chapter 4
73 実践！ ショー・クリップ

- 74 コンチネンタル・クリップ
- 86 イングリッシュ・サドル・クリップ
- 98 セカンド・パピー・クリップ
- 108 パピー・クリップ
- 116 子犬のファースト・トリミング
- 122 フロント・ブレスレットの手順とポイント
- 124 セットアップの手順とポイント

chapter 5
129 プードルのペット・クリップ

- 130 伝統的なペット・クリップ
- 132 テディベア・カットの基本
- 141 column　足バリを入れずに仕上げたいとき
- 142 トリミング用語一覧

はじめに

　私が初めてプードルを飼ったのは、東京愛犬美容学園（現東京愛犬専門学校）在学中のことで、自主練習のためでした。昔も今も、シザーを使うトリミング犬種と言えばやはりプードル。プードルのカットができればほかの犬種にテクニックが応用できますし、何よりトリマーとしては「形を変えられる」ことに魅力を感じました。短毛種とは違って、「ここを残して、ここを切ればこう見える」というようにバランスを調整できるのです。

　その後トリミング・サロン勤務などを経て、今はヴィヴィッドグルーミングスクール（東京都北区）でトリマーを育成するかたわら、プードルのブリーディングやドッグ・ショーへの出陳・ハンドリングもしています。トリミングにおいては、恩師である原 順造先生（JKCトリマー師範）の考えが根本にありますが、それに自分なりの理論を肉付けしています。「球面であっても、いくつもの平面から構成されている」と考えることが重要で、「最初から丸く作る」のではなく、「面を作って角を落とす」ことによってより正確なシンメトリー（左右対称）を作ることが可能になるのです。

　この理論があれば、本来あるべき正しい面よりどれだけゆがみがあるかを、正確に知ることができるはず。プードルのトリミングを勉強中、もしくはこれから始めるというみなさんには、感覚だけでひたすらカットするのではなく、「今、自分はどこをどのように切りたいか」を頭で理解していただきたいと思います。

　本書には、そんな独自のメソッドに加えて、私が指導するときに大事にしていることもふんだんに盛り込みました。撮影から編集まで大変な作業ではありましたが、企画段階から『ハッピー＊トリマー』編集長の川田央恵さんをはじめ編集部のみなさんに支えられ、無事完成させることができました。トリマーのみなさんが、プードルのトリミングを学ぶ際の一助となれば、これに勝る喜びはありません。

2016年9月

ヴィヴィッドグルーミングスクール学長
金子幸一

プードルの基本情報

- スタンダード（犬種標準）と骨格構成、各部名称

- プードルの歴史と沿革

chapter 1

プードルのスタンダード（犬種標準）

プードルをトリミングするには、スタンダードの理解が欠かせません。
まずはしっかり読み込みましょう。

一般外貌

優雅な容姿、気品に富んだ風貌を備え、スクエアの構成でよく均整がとれている。慣例上の刈り込みによって、一層プードル独特の高貴さと威厳が高められている。特色あるクリップによって外貌表現に多少の差を見るが、表現は知的であり、より優雅で気品を発揮しなければならない。

頭部

- スカルはほどよく丸みを呈している。ストップはわずかであるがはっきりしている。
- 鼻の色はブラック。アプリコットのものはレバーでも許される。ブラウン系のものはレバー。
- マズルは長く真っ直ぐで、美しく、目の下にわずかな彫を持ち、力強い。唇は引き締まり、頬骨と頬の筋肉は平ら。
- 両目は適度に離れて付き、形はアーモンド形。耳は目の高さ、または目よりもやや低い位置に付き、頭部にぴったり沿って垂れる。

ボディ

- ネック（頸）は力強く十分に長く、よい均整を保って頭部を高く上げている。
- 背（バック）は短く丈夫で水平。胸は深く、適度に幅広い。肋はよく張り、腰は幅広くたくましい。
- 尾（テイル）の根元は太く、尾付きは高く上に向いていて、巻いたり背負ったりしてはならない。

四肢

- 前肢は肘から真っ直ぐに伸びる。肩は十分傾斜していて、足は小さく丸くよく引き締まっている。
- 後肢は筋肉に富んでいる。膝（スタイフル）は健全でよく屈折し、飛節（ホック・ジョイント）は低い位置が望ましい。

被毛（コート）

- 非常に豊富なカーリー・コート（巻き毛）とコーデッド・コート（縄状毛）が密生している。
- 毛色は一色毛であることが理想。ブラック、ホワイト、ブラウン、レッド、アプリコット、シルバーなどがあり、同色内で濃淡がある。
- ショー・クリップは、パピー・クリップ（生後15カ月以下）、セカンド・パピー・クリップ（スカンジナビアン・クリップ）またはコンチネンタル・クリップ、イングリッシュ・サドル・クリップ。

サイズ

- スタンダード・プードル
  体高45～60㎝。＋2㎝まで許容される。
- ミディアム・プードル
  体高35～45㎝。
- ミニチュア・プードル
  体高28～35㎝。
- トイ・プードル
  体高24～28㎝（理想は25㎝）。－1㎝まで許容される。

※JKC全犬種標準書第10版より一部抜粋

プードルの骨格構成・各部名称

トリミングをする上で、知っておきたい各部名称を取り上げます。

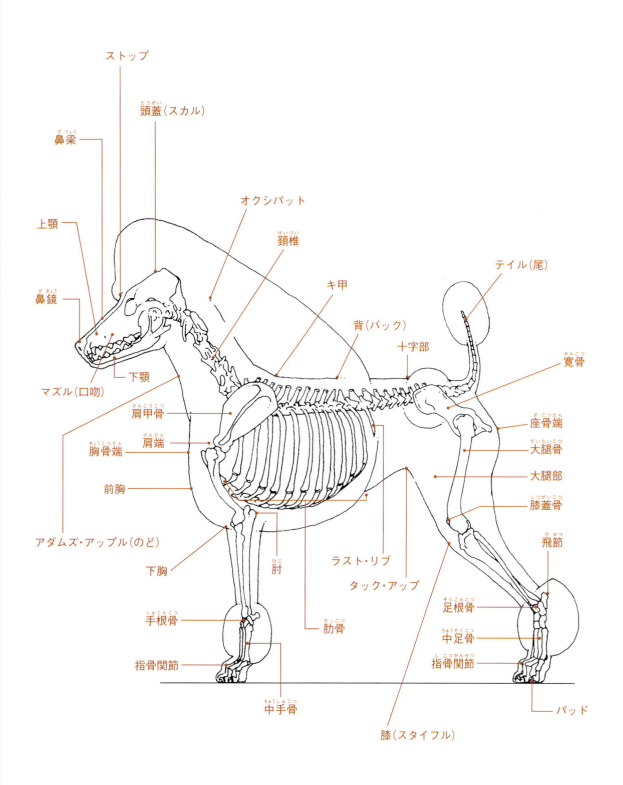

プードルの歴史・沿革

プードルは非常に歴史の古い犬種です。今の姿からは想像しつらいものの、元はれっきとした猟犬。ショー・クリップの独特な形にもすべて理由があるのです。

犬種の発祥

西暦40年には、地中海沿岸のローマ人を埋葬した墓碑に、プードルとはっきりわかるような犬のレリーフが残されていたとされています。また、同時期のヨーロッパ各地の記念碑にもプードルと思われる犬の彫刻が見られ、発祥のおおよその時代は推測できます。

ところが多くの「地中海を取り囲む中部ヨーロッパ」と呼ばれる犬種と同じく、発祥の地については「地中海を取り囲む中部ヨーロッパ」と推測される程度。と言うのも、各地でタイプが異なる〝プードルらしき犬〟が認められているので、答えをひとつに決めるのは困難なのです。

プードルになじみの深いフランスでは、この犬種の原形は紀元初期ごろにドイツを攻略したフランス兵が戦利品として連れて帰った犬だとされています。その後、フランス人は数々のタイプを作出して盛んに繁殖させたので、プードルの先進国として認められたのです。

プードル発祥の地の別説としては、アフリカのアルジェリアとモロッコが挙げられています。後述の「ショネル」は、スペインやポルトガル、ギリシャが発祥という説もありますが、詳細にはわかっていません。またスペインにも小柄なプードルがいたことが、画家のゴヤが18世紀に描いた絵画で知ることができます。そのほかに、イタリアでは1389年～1455年に画家のピサイが、ドイツでは1490年に修道士ピッツリシオが、見事に刈り込まれた小型のプードルを描いています。さらに16世紀にはドイツの著名な画家であるデューラーが、当時流行していたクリッピングを施した中型のプードルを描いています。

犬種名の秘密

フランスでは、犬を表す「シャン」と水鳥の鴨「カナール」というフランス語を組み合わせて、プードルを「カニッシュ」と呼んでいます。これは、プードルがもともと猟師の撃ち落とした鴨を湖や沼から回収する猟犬だったという背景によるものでしょう。

フランスより早く水猟犬としてブリーディングを始めたドイツでは、「プーデル」という犬種名が使われており、英語の「プードル」はこれがなまったものです。プードルの語源は、ドイツ語で「水を跳ねる」、「水しぶきを上げて進む」を意味するドイツ語「プーデリン」であり、水に関与する言葉に由来しています。また「びしょ濡れ」を意味するドイツ語「プーデル・ナス」、厚くて長い毛の毛皮帽子を指す「プーデル・ミュッツェ」が語源とも考えられています。

イギリスで「プードル」と呼ばれ始めたのは19世紀に入ってから。1859年に犬学の権威であるストンヘンジ氏がこの犬種を紹介するまでは、それぞれの国の俗名で呼ばれていたようです。

サイズと毛質のバラエティー

犬の本場であるイギリスが最初にプードルを輸入したのはドイツから。その後フランスやベルギーからの輸入が盛んになったといわれています。輸入したのはイングランドの貴族で、この犬を水猟犬として使いました。これにより狩猟能力の優秀さが認められ、猟犬としての地位を確立するのです。

フランスのパリでは、派手なスタイルに毛を刈ったプードルがオルゴールの車を引いたり、小型のタイプはサーカスの舞台で脚光を浴びたりと、一躍広く知られることとなりました。

サイズに関しては、1873年にイギリスのケネルクラブ（KC）が祖先の違いや使役目的によるサイズバラエティーを規定するまでは、大型と小型を大ざっぱに分ける程度でした。大きさを表す名称としては、大型は羊のような外見なので「ムートン」、小型は「バーベー」と呼ばれていました。

また19世紀～20世紀のヨーロッパでは、被毛の質により2種類に区別して呼んでいたこともあります。縄状毛の犬を「ショネル」、巻状毛

参考：『ハッピー＊トリマー』vol.42「プードルの歴史と変遷」／福山英也著

の犬を「シャーフ」と呼び、この呼び名は今でも使われています。

ショネルは、大型で体高が30インチ（76.2㎝）に達するものもあり、一説ではロシアの牧羊犬の血を引いていたといわれています。特徴としては肢が長く、ハウンドタイプで非常に軽快な構成の犬です。アメリカでは、一時期スタンダード・プードルの体高を高くしてミニチュアと差を付ける試みがありましたのですが、構成上のバランスに難点が伴い、今では消滅しています。また、国際畜犬連盟（FCI）の標準書に体高の上限規定ができたためともいわれています。

現在、プードルは各ケネルクラブによってサイズの規定が異なり、さらに改正されることもあるので注意が必要です。

ドッグ・ショーとショー・クリップ

現在、各犬種団体が公認するドッグ・ショーの規定として、「イングリッシュ・サドル・クリップ」、「コンチネンタル・クリップ」、「セカンド・パピー・クリップ」、生後15カ月以下の子犬は「パピー・クリップ」での出陳が一般的です。

第二次世界大戦後から昭和30年前後までの日本では、犬の体表面積の50％以上の毛を残して審査ができる状態なら、とくに型に決まりを付けず出陳できました。当時の出陳犬はミニチュア・プードルだけで、その90％は「ダッチ・クリップ」か「ロイヤル・ダッチ・クリップ」（P130参照）が施されていました。

ショー・クリップの規定を作ったのはイギリス（KC）のクラフト展で、KCの創立100周年にあたる1973年はプードルの出陳頭数が多く、頭数を減らして会場内に収容できるように参加資格に数々の規定を設けたのです。

その規定の一例としては、「前年度のチャンピオンドッグ・ショーで賞を獲得した犬に限り出陳資格が与えられる」、「審査を公平に保ちかつ犬種の向上と保存のためにも、犬種の使用目的に適合するトリミングをして出陳すること」が挙げられます。これに世界のケネルクラブ

が同調した結果、プードルのショー・クリップが定められました。

＊

現在プードルで認められているスタイルは、ポルトガルの水猟犬「ポーチュギース・ウォーター・ドッグ」と同じく、泳ぐことを前提に考え出されたスタイルだと思います。彼らは撃ち落とされた鴨を運ぶために冷たい水に飛び込むので、心臓や肺の位置に被毛を残すことで急激な冷えから保護したのです。また、四肢の関節は保護とリード運動しやすさを考え、短く丸く刈り取ったとされています。

この見慣れない奇妙な姿を見た一般人は笑い、「犬のおどけもの」、「犬の世界のピエロ」などとクリップされたこともありました。しかしこのスタイルがなければ、プードルは独特な品格と威厳に満ちた雰囲気を漂わせるような「伝統的な形にクリップされ、ていねいにグルーミングされる」という表現は生まれなかったはずです。そして、昨今のような世界じゅうを沸かせる人気はあり得なかったでしょう。

小型のプードルはトリュフ狩りにも使われ、古くはトリュフ・ドッグでありながらドッグ・ショーのチャンピオンだった犬もいたと伝えられています。暗い松林の中でも自分の犬がわかりやすいようにと付けたりボンが、プードルの頭部のリボン結びの原点とされています。現在でもトリュフ狩りにプードルが使われることがあり、「スポーティング・クリップ」と呼ばれる体幹の毛を短く刈ったスタイルで働いているそうです。

column　プードルの被毛

形状と構造

　イギリス・ケネルクラブ（KC）のスタンダードによれば、「被毛は上質のざらざらした荒い毛質で、非常に多量かつ濃密で、巻状毛である（以下略）」とされています。国際畜犬連盟（FCI）ではそれに縄状毛（コーデッド・コート）の項目も加えていますが、日本にはほとんど存在しません。

　「ざらざらした荒い毛質」とは、毛根が太く、毛小皮は硬く角化した扁細胞がウロコ状または屋根瓦状に重なっていることを意味し、毛幹に見られる特徴的な紋様を形作っています。

　毛の中心には毛髄質が存在します。これは多角形の髄細胞から成り、胎生期には見られません。髄質中には多数の空胞があり、空気を含んでいます。これにより体温を保持することができ、空気含有が多いほど耐寒性は高くなります。プードルのようなむく毛の水猟犬には不可欠な条件で、皮脂腺も発達しています。このような毛は気孔性（水分を吸収する力）が高く、プードルの毛は水分量約25％が最高のコンディションとされています。

被毛の色

　被毛の色は、毛質層に含まれる「メラニン」という色素の種類と量、大きさによって決まります。メラニンは動植物に広く存在する色素で、犬では被毛だけでなく皮膚や目にも存在します。

　メラニンには「ユーメラニン」と「フェオメラニン」の2種類があります。ユーメラニンは皮膚や被毛を黒や褐色にする色素で、フェオメラニンは赤や黄色を発生させるものです。

◆

　毛の色は、光を吸収する働きを持つメラニンの量が多ければ黒く見えます。また、メラニンがないと光は全部反射されるので白く見えます。

　黒や白だけでなく、そのほかの色にもメラニンの量が関係しています。メラニンの量が多い順に挙げると、「ブラック」、「レッド」、「タン」、「ホワイト」となります。

　またメラニンは顆粒として存在し、その粒子が大きい場合は黒く、小さい場合には赤やタンに近づきます。メラニンの顆粒が多い毛は顆粒も大きい傾向にあり、逆に顆粒が少ないと小さいという相互関係が見られます。

　プードルに関して言えば、KCが作った基準では、「ブラック」、「ブルー」、「ブラウン」、「ホワイト」の4色が標準とされていました。プードルの被毛はきれいで明確な単色であることを条件とし、ジャパンケネルクラブ（JKC）では「ブラック」、「ホワイト」、「ブルー」、「グレー」、「ブラウン」、「アプリコット」、「クリーム」、「シルバー」、「シルバー・ベージュ」、「レッド」などが認められ、同系色内で色の濃淡があります。「カフェ・オ・レ」はブラウン系色に含まれ、本音としては「明確な完全一色であれば色彩の決まりはない」ということでしょう。ほかの色が混合する斑（ミスカラー）は無条件で失格となる決まりがあります。

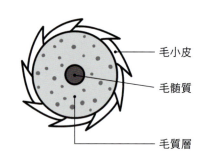

毛小皮の紋様

被毛の断面図

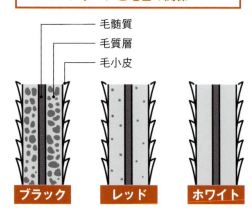

メラニンと毛色の関係

参考：『ハッピー＊トリマー』vol.43「プードルの被毛」／福山英也著

プードルのグルーミング

- ブラッシング、コーミング

- 爪切り、犬の移動、肛門腺絞り、耳掃除

- シャンピング

- タウエリングとドライング

chapter 2

ブラッシング ①

POINT
▼
ブラッシングの目的を知り、スリッカーの正しい持ち方と動かし方をマスターする

STUDY!
ブラッシングは、被毛のもつれや毛玉を解き、死毛を取りのぞいて、1本1本を根元から毛先までバラバラにほぐすために行います。また、皮膚の新陳代謝を高める効果もあります。
この目的のほか、犬の皮膚を傷つけたり、被毛を引っ張って負担をかけないようにするため、「ローリング」という方法でスリッカーを動かします。ローリングしやすいスリッカーの持ち方と動かし方をマスターすれば、犬の皮膚だけでなくトリマーの手にもやさしく作業できるようになります。

CHECK!
☐ スリッカーを正しい持ち方で自然に持つことができる
☐ ローリングの方法でスリッカーを動かせる
☐ 被毛に合わせたローリングができる

スリッカーの持ち方

1 指を閉じて手のひらを軽くすぼめ、水をすくうような形を作ります。このとき、指や手のひらには力を入れず、自然な状態を保ちます。

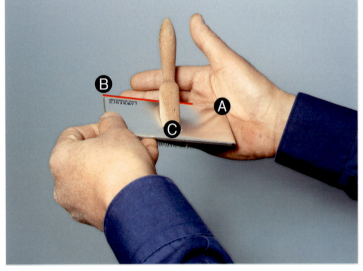

2 手のひらの中央のくぼみにスリッカーの角Ⓐを当てます。さらに、スリッカーの下側の縁Ⓑに中指が沿うように当てます。

3 スリッカーの柄の根元Ⓒに親指を当てます。

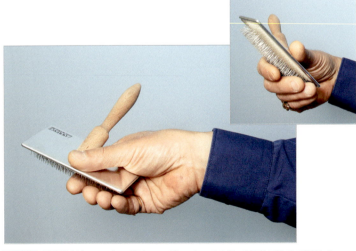

4 親指以外の4本の指を、スリッカーのピンの面に当てて握ります。親指と親指以外の4本の指で、スリッカーの半面を挟んでいる状態になります。

スリッカーの動かし方①

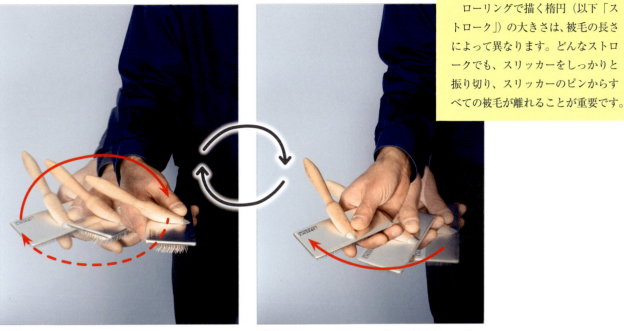

MEMO
ローリングで描く楕円（以下「ストローク」）の大きさは、被毛の長さによって異なります。どんなストロークでも、スリッカーをしっかりと振り切り、スリッカーのピンからすべての被毛が離れることが重要です。

2 回した手首は一周して最初の位置に戻ります。この方法でブラッシングすることで、もつれや毛玉の表面から少しずつほぐれるようになります。

1 腕や肩に力を入れず、手首を回して楕円形を描く「ローリング」という方法で動かします。スナップをきかせて手首を回します。

スリッカーの動かし方②

1カ所に対するストロークの手順

最初は毛先のみにブラシを当てて小さなストロークで動かし、徐々に根元のほうへ広がる大きなストロークへと変化します。
（図内の数字はあくまで手順を示したもので、ストロークの回数ではありません）

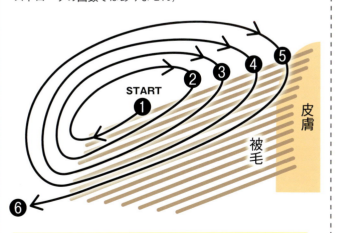

MEMO ストロークの回数は、被毛の長さやもつれ具合、伸び具合などにより異なります。このため、もつれが取れたかどうかを目視とスリッカーに加わる被毛の抵抗で判断することが必要です。

被毛の長さによるストロークの違い

短い被毛では小さいストローク、
長い被毛では大きいストロークを描きます。

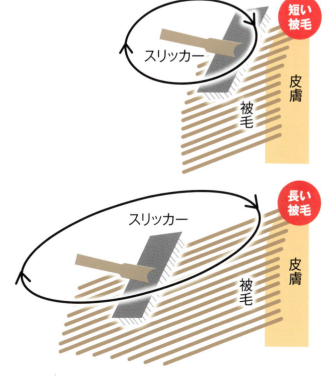

ブラッシング ②

POINT
▼
スリッカーを被毛に当てて、実際にブラッシングする際の正しい動かし方を学ぶ

STUDY!
P12〜で学んだスリッカーの持ち方と動かし方で、実際に被毛をブラッシングします。犬に当てるスリッカーの角度に注意し、手首のスナップをきかせる「ローリング」で、皮膚と被毛に負担をかけずにとかしていきましょう。

被毛は、スリッカーのピンに引っかかるとやや持ち上がります。このとき被毛に抵抗が起こるため、根元から伸ばすことができるのです。

ローリングでは、スリッカーのピンが被毛から確実に離れることが大切。ローリングのストロークの大きさは被毛の長さによって異なるので、とかしている被毛に合わせて対応してください。

CHECK!
- □ スリッカーを正しく被毛に当てる
- □ ローリングの方法で被毛をブラッシングできる
- □ 被毛の長さによってストロークを変える

スリッカーの当て方

1 スリッカーを正しく持ちます。ブラシ面の半分を指で覆い、もう半面を被毛に当てるようにします。

正しい持ち方

MEMO
一部分をとかし残したり、反対に同じ部分を何度もブラッシングするようなミスを防ぐためにも、スリッカーを持っていないほうの手の使い方が重要になります。

ローリングの実践

1 スリッカーを正しく持ち、ピンを被毛に当てます。いきなり被毛の根元に当てようとせず、最初は毛先のみに当てるようにしましょう。

2 犬の皮膚に対し、スリッカーの面を平行に当てます。角度を付けて角を当てると皮膚を傷つけてしまうことがあるので注意。スリッカーを持っていないほうの手でとかす部分の上側を押さえることで、皮膚が引っ張られにくくなります。また、とかす部分をしっかりと目視できるようにもなります。

3 ②から続けて、ピンから被毛が離れるまでスリッカーを振り切ります。毛玉に引っかかったらその部分で一度ピンから被毛を離し、表面だけにピンが当たるようなローリングで少しずつほぐしていきます。

> 抵抗が強い場合は、ピンが毛玉に深く引っかかっている可能性も。無理に引っ張らないように注意！

2 手首のスナップをきかせてスリッカーを動かします。もつれがある場合は、スリッカーに加わる被毛の抵抗を感じます。

> ローリングでは、ピンの一部しか皮膚に当たらないので、犬にやさしく作業することにもつながります

5 ④から続けて、①よりも被毛の根元に近い部分にピンを当てます。このように、ローリングはストロークが徐々に大きくなります。被毛の根元から毛先まで抵抗なくスリッカーを動かすことができれば、この部分のブラッシングは完了です。

4 スリッカーを振り切ったら、手首を返して楕円を描くようなイメージで、再びピンを被毛に当てるために動かします。

MEMO

シャンピング前のブラッシングだけでなく、ドライング時においてもローリングは必須。被毛が浮き上がることにより下側に風が送り込まれるようになります。しっかりとローリングすることは、ドライングのスピードアップにも役立つのです。

 NG！ **"振り切り不足"に注意**

スリッカーを振り切らず、ピンに被毛が引っかかったまま次のストロークを行うと、さらに被毛が絡まってしまいます。こうなるとスリッカーを振り切ることができなくなるだけでなく、皮膚にも被毛にも負担をかけてしまうことに。被毛の長さによってストロークの大きさは異なりますから、適切なローリングを心がけましょう。

ブラッシング ③

POINT
犬にブラッシングしやすい姿勢を取らせ、とかし残しのないブラッシングの手順を学ぶ

STUDY!
全身をブラッシングする際の手順を追っていきます。
　全身をブラッシングするときに気を付けたいのは、犬を傷つけないことと、とかし残しがないようにすること。犬を寝かせてとかしやすい姿勢を取らせることで、犬の姿勢を何度も変えることなく、最小限の保定でブラッシングすることができます。
　ブラッシングは、半身ずつに分けて行います。P14〜で学んだローリングを意識し、1カ所ほぐし終えたら0.5〜1cm程度の間隔で次のブロックへと進めます。ここでは胸〜脇の下〜肢の外側までの流れを解説します。

CHECK!
☐ 犬にブラッシングしやすい姿勢を取らせる
☐ ブラッシングしやすい姿勢で犬が動かないように保定する
☐ 犬を寝かせた状態で、胸〜脇の下〜肢の外側をブラッシングする

犬の寝かせ方

片足の場合は外側の肢を持ちます

1 左右の前肢、後肢をそれぞれまとめて持ちます。前肢は肘、後肢は膝のあたりに手を添え、人さし指はどちらも左右の肢のあいだに挟みます。

2 ①から続けて自分の胸を犬の体に寄せるようにして寝かせます

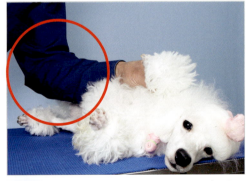

4 左腕を犬の後肢のあいだに置けば、犬が動かず、ブラッシングしやすい姿勢を作れます。

3 テーブルに着いている側の前肢（ここでは左前肢）から手を離し、右前肢のみを持ちます。さらに、後肢を持つ手（左手）を外し、上側の前肢（右前肢）の肘を持ち替えます。

ブラッシングの手順

毛玉やもつれは皮膚の近くに多いので、皮膚を目視できる状態に

1 胸〜腹の毛を左右で半分に分け、スリッカーを持っていないほうの手で上側の被毛を押さえます。

もつれや毛玉が多い場合は間隔を狭めます

2 ①で分けた部分からローリングでとかしていきます。根元までとかせたら、0.5〜1cm程度の間隔で上へと進めます。

3 ②から続けて、脇にぶつかるまで上へとブラッシングしていきます。

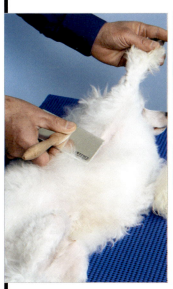

4 脇の下には筋があるので、スリッカーで引っかいて傷つけないように注意しながらブラッシングします。肘を曲げた状態でとかした後、足先を持って肢を前方へ伸ばし、脇〜手根球の上までスリッカーを当てます。

スリッカーを当てる部分の皮膚とスリッカーの面が平行になるよう心がけましょう！

5 ④から続けて、肢を後方へ伸ばした状態で前肢の付け根〜握りの上までをとかします。

6 肩を押さえるようにして手を添え、前肢の外側をブラッシングします。

MEMO 犬の姿勢を変えず、前肢を動かすだけで胸〜脇の下〜前肢をブラッシングできます。とかし残しを防げるだけでなく、時間短縮にもつながります。
犬の四肢がどのように動くかを理解し、無理な方向に動かさないように注意しましょう。

ブラッシング ④

POINT ▼ 部位別にブラッシングのコツをつかむ

STUDY!
P16〜17では、全身をブラッシングする際の手順のうち、胸〜脇の下〜前肢の外側までの流れを解説しました。続いては、足先、前肢の外側〜背線、前胸、テイルをブラッシングしていきます。部位ごとに保定のコツや気を付けたいポイントを解説していますので、作業に取り組む際に意識してみてください。

手根球の周囲やテイルは、とくに毛流を意識して作業したいところ。毛流に逆らうと毛根が傷ついてしまうので、注意しましょう。

CHECK!
☐ 部位ごとにスリッカーを当てる向きを変える
☐ 的確な手順と保定で、作業に無駄を作らない

足先のブラッシング

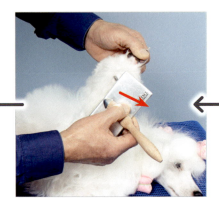

1 手根球の周囲の被毛は、手根球から外側に向かって放射状にブラッシングします。犬を寝かせた状態で足先をつまむようにして持ち上げると、スリッカーを当てやすくなります。

2 モデル犬は足先をクリッピングしていますが、クリッピングしていない犬の場合は、パスターンを境にスリッカーを当てる向きを変えます。パスターンより上側は下に向かってブラッシングし、それより下側は指骨関節を傷つけないように上に向かってとかします。

前肢の外側〜背線のブラッシング

1. 犬に伏せの姿勢を取らせ、前肢の外側の付け根〜背線へ向かってブラッシングします。このとき、とかす部分より上側の被毛は軽く押さえておきます。

> 手を添えることによって皮膚の動きを抑え、確実にブラッシングできます

2. ローリングでとかしていきます。根元までとかせたら、0.5〜1cm程度の間隔で上へと進め、背線までとかします。この手順でサイドボディをすべてブラッシングします。

テイルのブラッシング

> 写真では、テイルの右側をとかしています

1. 尾軸に沿って被毛を左右に分け、片側を握り、反対側の被毛にスリッカーを当てます。

> テイルの先端は傷つけやすい部位なので、ていねいに作業しましょう

2. テイルの先端をつまみ、①で握っていたのと反対方向にテイルを軽く曲げて、テイルの左側をとかします。

3. 左右の被毛をとかしたら、テイルを背負わせて裏側をブラッシングします。

前胸のブラッシング

1. 犬を立たせ、前胸をとかします。上側の被毛を押さえ、下から少しずつブラッシングしていきます。

3. 胸骨端と肩端に十分気を付けながら、ネック・ラインまでとかします。

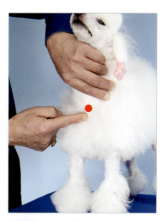

2. 胸骨端と肩端は、胸の最も張り出している部分。スリッカーで傷つけやすいので、上側に向かう工程の途中で位置を確認してください。

ブラッシング 5

POINT ▼
部位別に
ブラッシングの
コツをつかむ②

STUDY!
　P18〜19では、足先、前肢の外側〜背線、前胸、テイルのブラッシングについて、それぞれの保定のコツや傷つけやすいポイントを解説しました。ここでは、後肢〜お尻〜タック・アップのブラッシングについて、同様に解説します。犬を寝かせることができれば寝かせた状態でブラッシングしますが、なかには寝ない犬もいます。寝ない場合に、紹介する手順で作業してみてください。

　とかしにくい内股や、とかし残してしまうことが多い足先なども、的確な保定によって犬に負担をかけることなく、スムーズに作業を進めることができます。保定はブラッシングのスピードアップに大きく影響するので、ぜひ現場で試してみてください。

CHECK!
☐ 後肢をブラッシングする際の保定方法を身に着ける
☐ 傷つけやすい部分を避けつつ、とかし残しを作らない

後肢のブラッシング

②で膝を曲げておかないと、肢は外側に開かないので注意！

1 親指と人さし指で後肢の足先をつまみます。

2 足先をつまんだまま、膝を曲げて肢を持ち上げます。このとき、小指は飛節側面に添えておきます。

3 飛節側面に添えた小指を軸に、足先を外側に開きます。

後肢のブラッシング②

1 人さし指を握りの上に、親指をパッドに添えるようにして足先をつまみ、後肢を後ろへ引きます。

4 この姿勢で、一度に陰部の周り〜肢の付け根〜飛節部までの内股をブラッシングすることができます。

保定がブラッシングの妨げにならないので、スリッカーを入れづらい部位もとかしやすくなります

3 肢を下ろし、後肢の後ろ側をとかしていきます。ここには腱があり、スリッカーを肢と平行に当てると傷つけやすいので、被毛を腱の左右に分けてとかします。

2 この姿勢で、中足部をブラッシングします。つまんでいる足先を軽くひねると、握りの上もスムーズにとかせます。

5 後肢の膝〜タック・アップは、肢を後ろへ引いた状態でとかしていきます。

4 後肢の外側は、付け根の内側から肢を支えながらブラッシング。

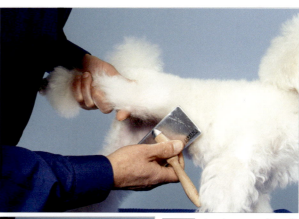

7 お尻は座骨結節の位置を確認し、避けながら周囲をとかします。

6 タック・アップは、傷つけないように細かくていねいにブラッシングします。

MEMO

ブラッシングの保定では、犬の体がどの向きに可動するかを理解することが大切です。犬に無理な姿勢を取らせることなく、なおかつ1回の保定でできるだけ多くの部位のブラッシングを済ませられるように工夫しましょう。

ブラッシング ⑥

POINT ▼ 部位別にブラッシングのコツをつかむ③

STUDY!
ボディのブラッシングに続いて、耳と頭部のブラッシングについて解説します。ここでは、耳縁や目を傷つけないようにすることが第一です。うっかりミスを予防するためにも、正しい手順で慎重に作業しましょう。また、ブラッシング後に行うコーミングにも注意が必要です。

側頭部～頭頂部は、前回までの手順と同様に、背線の延長線上で半面ずつに分けてブラッシングします。曲面や狭い範囲でも、スリッカーの持ち方や動かし方（ローリング）など基本的なポイントは同じです。しっかりと被毛を伸ばせるように、ていねいな作業を心がけましょう。

CHECK!
☐ 皮膚を傷つけないよう力加減に気を配る
☐ とかし残しと無駄のない作業を行う

耳の毛玉処理

2 毛束を裂くときは、必ず耳縁に力がかからないように、毛先側に向かって少しずつほぐしてください。

NG! 毛先側から毛束を裂くと、耳縁まで裂いてしまうことがあります。

1 耳に毛玉がある場合、ブラッシングをする前に指で毛玉を解きます。耳縁の皮膚の位置を確認して、毛の根元から毛束を裂くようにして毛玉をほぐします。

耳のブラッシング

1 耳の表側からブラッシングします。付け根の皮膚は傷つけやすいので、人さし指を添えて、指でスリッカーの感触を確認しながらとかします。

もう一方の手で耳介をしっかりと支えながら作業します

3 スリッカーでとかした後は必ずコーミングします。コームの歯で耳縁の位置を確認しながら、表裏両面をとかします。

2 裏側も同様に指を添えて、毛流に沿って放射状にとかします。

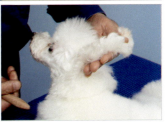 **NG!** 耳介に対してコームを縦に入れると、コームの歯に耳介が挟まって傷つけてしまうので要注意。

頭部のブラッシング

とかし残しが多い部分。左右忘れずにブラッシングを

2 耳と頭部をまとめて持ったまま、耳の付け根の下側をとかします。

1 耳と頭部の境目をブラッシングします。まず、耳を前側に持ち上げて頭部とまとめて持ちます。耳の付け根の隆起している部分を傷つけやすいので、位置を確認しておきます。

4 前頭部〜頭頂部に向かってブラッシングします。まず、ストップのすぐ上から真上に向かってとかし、その後左右の目の上から頭頂部に向かってとかします。

右利きの場合、左側は犬の前側に立ち、右側は犬の後ろ側に立ちます

3 側頭部〜頭頂部をブラッシングします。まず耳の付け根の上側から頭頂に向かってとかします。

コーミング

POINT
コーミングの目的と部位別の動かし方を習得する

STUDY!

コーミングには、「とかし残しがないか確認すること」、「立毛すること」、「毛流を整えること」などの目的があります。

ブラッシング後のコーミング（とかし残しの確認）は、スリッカーで１カ所をブラッシングしたら、同じ部分を粗目のコームですぐにコーミングするのが理想的です。ここで引っかかることなくとかせたら、細目に持ち替えて同じ部分をさらにコーミングします。

とかしている途中でコームを持つ手に引っかかる感覚があったら、もつれている部分を毛先側に移動させるイメージでやさしくほぐします。引っかかりが強くもつれが大きい場合、無理にコームでとかそうとすると毛が切れてしまい、犬に負担もかかるため、スリッカーに持ち替えてとかし直しましょう。引っかかりがなくなったら、再びコームの粗目→細目で同じ部分をとかします。

この場合、基本的に立毛させる必要はありません。スリッカーとコームをこまめに持ち替え、ブラッシング→コーミングを繰り返して毛玉やもつれがない状態に仕上げましょう。

CHECK!
- ☐ 粗目、細目の両方でしっかりととかす
- ☐ 部位に合ったコーミングをする

ボディのコーミング

1 コームを持っていないほうの手で被毛を押さえながら、スリッカーでとかした部分をコーミングします。粗目を使って被毛の根元までピンを入れます。

> 手首を返すようにして、ピンを毛からそっと離します

2 とかしている途中で引っかかる感覚があった場合、もつれをほぐすようにやさしくコームを毛先側に動かします。

立毛

> ピンを奥まで入れると毛を押しこんでしまうことに

カットの前に行う立毛は、とかし残しを確認する場合と異なり、コームのピンを毛の根元まで通すことはしません。毛先にピンを引っかけて毛をふかすように使用するときれいに立毛できます。

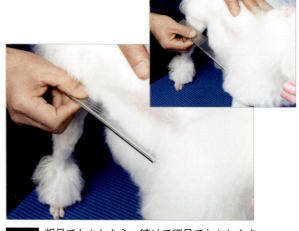

3 粗目でとかしたら、続けて細目でとかします。毛玉やもつれがない状態が確認できたら次の部分へ移ります。

タック・アップのコーミング

1 タック・アップのサイドにはくぼみがあるので、その角度に合わせてコームを当ててとかします。

> 傷つけやすい部分なので、ピンの当たり具合に注意

2 タック・アップの下側をとかすときは、犬を後肢で立たせるとスムーズです。

MEMO

コームを落としたり粗雑に扱ったりすると、ピンの一部が曲がってしまうことも。そのままコーミングに使用すると、毛束を十分にほぐせなかったり正しく立毛できなくなるので、ピンの間隔が一定になるよう直しましょう。

手根球のコーミング

> 手根球をピンのあいだに挟まないように、細目を使用します

ブラッシングと同様に、手根球の周囲の毛は放射状にコーミングします。

ネックのコーミング

ネックの被毛は密度があるため、ブラッシング、コーミングは入念に行いましょう。頭部をやや下げて保定し、皮膚と直角になる角度でコームを入れて、毛をすくうように動かしてとかします。

> コームのピンが皮膚に当たるか当たらないかくらいの感覚で

爪切り 1

POINT
爪切りに
ふさわしい保定を
マスターする

STUDY!

　爪切りは犬種を問わず必要なグルーミングのひとつです。作業のスピードアップはもちろんですが、足先を持たれるのが苦手な犬も多いですから、犬への負担も考慮してすばやく済ませたいものです。

　無駄なく作業を進めるためには、足先を正しく保定し、最小限の動作で爪を切ることが大切です。犬が逃げにくくなる保定方法を把握し、無理のない姿勢で動きを抑えます。一度肢を持ったら、ひと爪ごとに持ち直したり、肢を引っ張ったりしないように気を付けましょう。

　爪を切るときは、親指でパッドを、人さし指で爪の根元を押さえて支えます。もし血管が切れて血が出た場合は、人さし指の指先で爪の根元を強く押さえれば止血することができます。押さえたまま止血剤を付けることで、出血量を最小限にとどめることができますので、覚えておいてください。

CHECK!
☐ 爪を切るための保定をマスターする

右後肢の保定

1 犬の横に立って犬のほうを向き、爪切りを持っていないほうの手の薬指と小指で飛節を挟みます。

2 ひざを軽く曲げながら足先を軽く握ります。

3 親指でパッドを、人さし指の先で爪の根元を押さえます。

すべての肢においてこれが基本です！

4 体の向きを変えて犬の足先と向かい合う体勢を取り、爪の根元を押さえたまま爪切りを当てます。

MEMO
　犬の安全を確保しながら確実に爪を切るために、保定はとても重要。正しい保定はスピードアップにつながります。コツをつかめば、肢1本当たり15秒程度で切り終えることができるでしょう。

左後肢の保定

1 犬の前側に立ち、爪切りを持っていないほうの手の薬指と小指で飛節を挟んで肢を持ち上げます。

保定するほうの腕を左右の前肢のあいだから通してもOK

2 親指をパッドに添えます。

3 指でパッドを、人さし指の先で爪の根元を押さえます。

前肢の保定

1 右前肢は、犬のほうを向いて犬の横に立ち、爪切りを持たない手の薬指と小指で手根骨の上を挟みます。

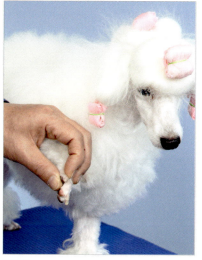

2 右後肢の保定と同様に、肘を軽く曲げたら、爪の根元を押さえます。

3 左前肢は左後肢と同様に犬の前側に立ち、薬指と小指で手根骨の上を挟んで肢を持ち上げ、親指と人さし指で爪の根元を挟みます。

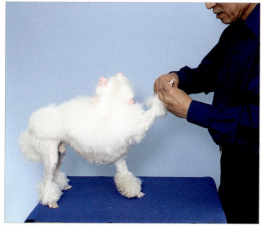

4 犬が嫌がらなければ、前肢は左右ともに犬の前側に立って作業してもかまいません。爪切りが苦手な犬が後ずさりをして、肢を引っ張ったりテーブルから落下する危険もあるので注意。

次の爪への移動

爪から爪へ移動するときは、親指と人さし指のみをスライドさせます。握り直すのは時間のロスですから、親指と人さし指の移動だけですばやくカットしましょう。

爪切り ②

POINT
爪を切る「位置」と「切り方」を覚える

STUDY!
P26〜の保定方法で、実際に爪を切っていきます。犬の爪は、地面を蹴って前に進む際に重要な役割を果たしています。しかし爪が伸びすぎると、パッドが浮いて地面を蹴りづらく、歩行時に滑りやすくなってしまうほか、関節を痛めたり、爪が床に着くことで思わぬケガをしてしまうこともあります。

このため、切る位置は「犬が自然に立っている状態で、爪が地面にぎりぎり着かない長さ」を基本とします。爪の長さや生え方、血管の長さなどによっては、血管が切れて出血する場合もありますから、止血剤を用意しておきましょう。

すべての爪を2段階ですばやくカットしたら、切り口の周囲にヤスリをかけます。このとき、爪が動かないように爪の根元とパッドをしっかり押さえながらヤスリを動かしましょう。

CHECK!
☐ 爪の切り方をマスターする
☐ 止血剤、ヤスリの使い方を覚える

爪を切る位置

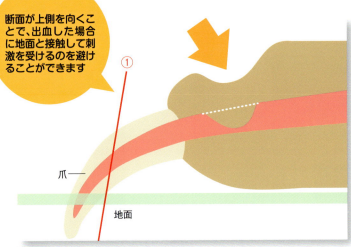

断面が上側を向くことで、出血した場合に地面と接触して刺激を受けるのを避けることができます

1 地面に着かない位置を確認し、人さし指の先で爪の根元を強く押した状態で、上側が短く、下側が長くなるようにカットします。

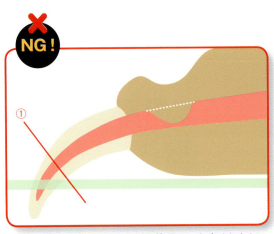

NG！ 断面が下側を向くと、止血剤を使用しても歩くとさらに出血します。

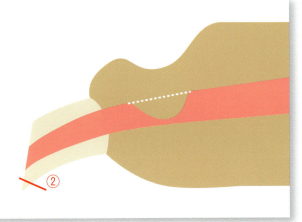

2 下側の鋭角になっている部分を少しカットします。歩くときはこの断面で地面を蹴るため、血管部分は床に着きません。

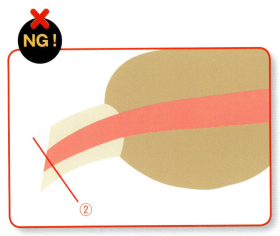

NG！ 鋭角になっている部分を深く切りすぎると、血管を2回切ることになり、歩いたときに血管部分で地面を蹴ることになってしまいます。

爪の切り方

1 万が一出血してしまうことを考慮して親指でパッドを、人さし指の先で爪の根元をそれぞれ押さえ、止血をしておきます。

2 爪切りを当てて、右ページのように2段階に分けて爪を切ります。

止血剤の付け方

> 強めにこすり付けるイメージ

1 血管が切れて出血した場合は、止血をしたまますぐに止血剤を指に取り、断面に付けます。

2 止血剤は厚く付けるとはがれ落ちるので、血管の断面を薄く覆うように付けましょう。雑菌が入るのを防ぐのにも役立ちます。

ヤスリのかけ方

> ヤスリと一緒に爪が動いてしまうと、十分に削れません

血管（見えない場合もあり）

> 握るようにして持つと力が入りすぎるので注意

1 爪の断面の周囲（図の青い部分）にヤスリをかけていきます。ヤスリは柄の付け根を親指と人さし指でつまむようにして持ちます。

2 爪が動かないように支えながら、ヤスリをかけていきます。爪の周囲に沿うように、ヤスリの向きを変えることを意識しましょう。

犬の移動

POINT
犬を安心させ、安全な抱き方や移動方法をマスターする

STUDY!
犬をトリミング・テーブルに載せるときやドッグ・バスに入れるとき、ケージの出し入れなど、トリマーが犬を移動させる場面は多くあると思います。不適切な抱き方をすると犬が嫌がり、ケガをさせてしまったり、落下などの事故の原因になることもありますので、適切な方法を学びましょう。

ここでは、移動時の抱き方、ケージから出す方法を解説します。どちらも「犬を安心させること」と「自由な動きを制限する」ことがポイントです。犬を移動させるとき、お尻や腹部を片手で抱えただけで、四肢が自由に動くような抱き方をしているケースがありますが、これはやめてください。犬が四肢を動かして暴れたり、飛び出すこともあり危険です。

また、ケージから出す方法は、扉を開けた瞬間に飛び出そうとする犬と、奥に引っ込んでしまう犬の2パターンを紹介します。どちらも前肢の付け根を持つことで犬の動きをセーブしています。

CHECK!
☐ 正しい抱き方で犬を移動させる
☐ 犬をケージから安全に引き出す

抱き方

1 一方の手でマズルを支えて犬を立たせ、もう一方の手を左右の後肢のあいだに通して前肢の付け根に添えます。

2 前肢の付け根を親指と人さし指、薬指と小指でそれぞれ挟みます。

3 犬の体を自分の胸に密着させるようにして抱えます。

腕でお尻を挟んでいるので犬は安定します

4 前肢の付け根を指で挟んだ状態であれば、片手で抱えることも可能です。

ケージから出す方法

飛び出そうとする犬

1 扉を少し開けてケージの中に手を入れます。

2 自分の体をケージに寄せて犬が飛び出すのを防ぎながら、右前肢の付け根を握ります。

動きが制限されます

3 もう一方の手で首の付け根を支えることで、犬は動きにくくなります。

4 首を支えたまま、右前肢の付け根を握っていた手を犬の背中側に回します。そのまま犬の体を自分の脇に挟むようにして、左前肢の付け根を下側から握ります。

奥に引っ込む犬

❌ **NG！**

上側から手を当てると警戒されやすいのでやめましょう

1 まずは犬を安心させるため、犬の顔を軽くなでます。伏せている場合は、なでながら顔を上げさせます。

犬が体を後ろに引くのを防ぎます

2 一方の手で右前肢の付け根を持って体を起こし、もう一方の手で下胸を持ち上げます。

3 下胸を支えて犬を手前に引き出し、右前肢の付け根を握っていた手を背中側に回します。

4 そのまま犬の体を自分の脇に挟み、腹部に腕を回して右前肢の付け根を下側から握ります。

肛門腺絞りと耳掃除

POINT
シャンピングの前にやっておきたいケアのポイントを押さえる

STUDY!
　肛門腺絞りと耳掃除は、犬を洗う前にやっておきたいケア。分泌物や汚れた泡を落とすときにお湯で洗い流す必要があるため、シャンピングの前に済ませたほうが合理的なのです。
　肛門腺は、分泌物を上へ押し出すようにやさしく絞るのがポイント。分泌物はニオイが強いので、飛び散らないように手で覆う配慮も必要です。
　耳掃除は、耳の中を傷つけないように気を付けながら、やさしく汚れを落としましょう。犬がさわられるのを嫌がる場合は、徐々に慣らしたり動けないように保定するなどして、安全に進められるようにしてから行ってください。
　また、これらの作業の前に、ボディの被毛をブラッシングして毛玉を取ったり、コーミングして背割り（背線で被毛を左右に分けること）をすることも忘れないようにしてください。

CHECK!
☐ 安全に配慮してやさしくケアする
☐ ブラッシングとコーミングも忘れずに

肛門腺絞り

1 テイルを持ち上げ、逆の手のひらにお湯を溜めて肛門周りをまんべんなく濡らします。濡らすのはシャワーでもかまいません。

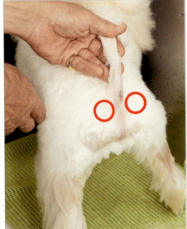

2 テイルを持ち上げると、肛門嚢が外に飛び出してさわりやすい状態になります。

分泌物が飛ばないように、手のひらで肛門を覆うと安心

3 テイルを持たないほうの手の親指と人さし指で肛門嚢の奥のほうをつまみ、上へ向けて軽く押すようにして分泌物を絞り出します。

4 絞り終わったら肛門周辺（とくに出口付近）をお湯ですすぎ、分泌物を洗い流します。

耳掃除

POINT

> こうすると、横にも後ろにも動けません

まず洗うほうの手でマズルを保持し、逆の手で上から頭部をつかみ、人さし指をオクシパットに当てて保定します（右耳を洗う場合は写真のようになります）。

耳掃除を行うときは、できるだけ耳道などを刺激しないように気を付けて。ガーゼや綿棒などを使うのも控えて、指で行うと良いでしょう。

ケアの前にやっておくこと

被毛の長い犬は、背割りをしておくとシャンピングがしやすくなります。肛門腺絞りや耳掃除には直接関係ありませんが、被毛をお湯で濡らす前のほうがコーミングしやすいため、前もって分け目を付けておくようにしましょう。

> 汚れていなければ、洗わなくてもOK

1 最初に耳の毛を抜いて耳の中の汚れを確認し、耳を洗う必要があるか判断します。洗うときは一方の手で耳をめくり、イヤークリーナーを耳孔に垂らします。

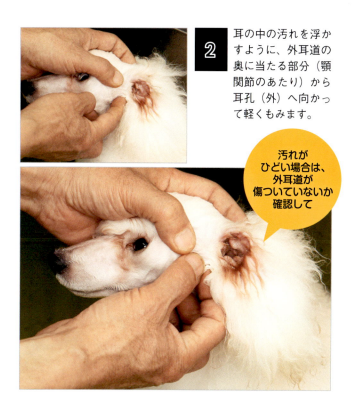

2 耳の中の汚れを浮かすように、外耳道の奥に当たる部分（顎関節のあたり）から耳孔（外）へ向かって軽くもみます。

> 汚れがひどい場合は、外耳道が傷ついていないか確認して

3 耳孔から出てくる泡をお湯で洗い流します。耳の中の汚れがなくなるまで①〜③の工程を数回繰り返します。

シャンピングのポイント

POINT ▼ 洗う前にシャンピングのポイントを知っておく

STUDY!

被毛がきれいな状態でトリミングをスタートすれば、カットもスムーズに行えるもの。そのためには、シャンピングで皮膚や被毛の汚れをしっかり取りのぞくことが重要です。ここではまず、シャンピングをより効率的に行うために押さえておきたいポイントを挙げます。

シャンプー剤を犬の体に付けるときは、あらかじめ泡立てておくことで無駄なく体全体に行き渡らせることができます。お湯ですすぐときは被毛を指でこすってみて、脂分がきちんと落ちているかを確認しましょう。

また、洗いづらい・脂っぽい・汚れやすいといった特徴がある部位を把握して、とくに注意深く洗うようにすることも大切です。被毛を洗うというよりは皮膚を洗うイメージで、しっかりと汚れや脂を取るようにしましょう。

CHECK!

☐ シャンプーは泡の状態で付ける
☐ 脂が落ちているか確認しながらすすぐ
☐ 洗いづらい・脂っぽい・汚れやすい部位に注意して洗う
☐ 被毛を分けて、皮膚までしっかり洗う

シャンプー剤の付け方&すすぎ方

泡立てるときは、スポンジを使うと便利！

1 シャンプーは、あらかじめ泡立ててから犬の全身に付けるのがおすすめ。液体のままだと垂れて下に落ちて、シャンプー剤が無駄になることがあります。顔に付けるときは、目に入らないように気を付けましょう。

頭部以外は、部位や犬種に応じて使い分けて

2 とくに頭部を流すときは、シャワーよりもカランのほうが両手が使えて便利。犬の顔は上に向けて、鼻と口（気管）に水が入らないようにします。

脂が残っていると、乾かしたときに被毛がうねってしまうので注意

3 流しながら被毛を指でこすってみて、洗えているか確認します。こすって「キュッキュッ」と音がするのが洗えている状態。ぬるっとしているときは脂が残っているので、洗い直しましょう。

とくに注意したい部位

洗いづらい部位

テイルの先端やタック・アップ、手根球付近などは指が届きにくく、洗いづらいもの。脂や汚れの落とし忘れがないようにていねいに洗います。

脂っぽい部位

耳には脂を出す皮脂腺が多く、外耳道から出た濃い脂が耳たぶまで広がるので、脂っぽくなりやすい部位。耳全体をしっかり洗う必要があります。

> 背中など、皮脂腺が少なく脂があまりない部位はそれほど手間をかけなくてもOK

耳がかぶさるサイドネックも脂っぽくなります。ストップなど涙で濡れやすい部位も脂っぽくなりがちなので注意。

汚れやすい部位

肘や飛節は、犬がオスワリやフセをするときに床に着くため、汚れやすくなっています。

> マズルに毛を残している場合は、口周りがとくに汚れやすいので注意

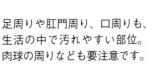

足周りや肛門周り、口周りも、生活の中で汚れやすい部位。肉球の周りなども要注意です。

> 汚れやすい部位は、1回目にざっと洗い、2回目に重点的に洗うのがおすすめ

MEMO

これら以外でも、汚れや脂が気になる部位はていねいに洗うことを心がけましょう。被毛をかき分けて、皮膚の脂や汚れを落とします。

シャンピング 1

POINT ▼
ボディ〜後肢〜テイルを洗うコツをつかむ

STUDY!
　ベーシックなシャンピングの手順とコツを確認します。洗い方は、基本的に毛流に沿って。皮脂腺の多い部位や、汚れやすかったり洗いにくかったりするポイントに注意しながら進めましょう。

　まずは首〜ボディから始めて、後肢→テイルの順番で洗っていきます。ボディでは、タック・アップが洗いづらいので要注意。指を添えるなどのひと工夫で作業がしやすくなります。

　後肢は、汚れやすい飛節周りをとくに念入りに洗いましょう。足先は毛流を気にせず洗えますが、足裏まで洗うのを忘れないように。また、腱のあいだのくぼみも見落としがちなので気を付けてください。テイルは、被毛の奥にある尾軸（皮膚）とテイルの先端の両方の汚れと脂をしっかり落としましょう。

CHECK!
☐ ボディを洗うときはタック・アップに注意
☐ 後肢は飛節・足先・腱のあいだなど部位で洗い方を変える
☐ テイルは尾軸と先端にとくに気を付けて

ボディ

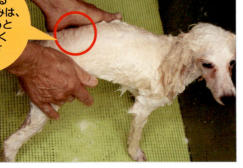

背線にある寛骨のへこみは、親指を使うと洗いやすくなります

1 毛流に沿って首〜背中〜腹部を洗います。被毛をもむのではなく、空気を含ませるようなイメージで手と指を動かしましょう。

2 タック・アップは骨や筋肉で支えられていないため、洗いにくい部位。内側に人さし指を当てて支え、親指で挟むようにして洗います。

シャンプー剤を付ける

まずは犬の被毛と皮膚をお湯でしっかり濡らし、全身にまんべんなくシャンプー剤を付けます。シャンプー剤は、あらかじめ泡立てた状態で犬の体に付けましょう（P34参照）。

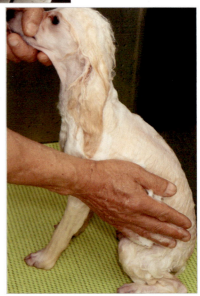

後肢

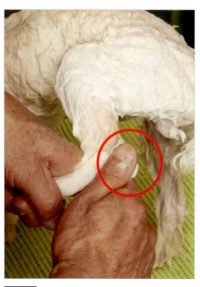

親指と
人さし指の
側面で挟むと◎

3 腱のあいだにあるくぼみは、洗い残しがちなので注意。くぼみの中に指を入れるようにして、しっかり洗いましょう。

2 足先は、毛流にこだわらずゴシゴシ洗ってもOK。足裏のパッドのあいだの汚れもしっかり落としましょう。

1 飛節は、片方の手で肢を持ち、逆の手の親指と人さし指で挟んで洗います。力を入れすぎないように注意しましょう。

テイル

テイルが
洗えていないと、
乾かしたときに
被毛がよれて
しまいます

テイルの先端も、十分に洗えていないことが多い部位。指先で挟んで洗い、脂や汚れを落としましょう。

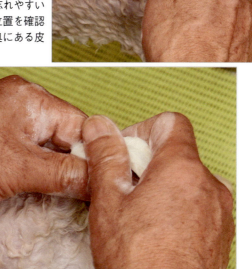

尾軸の先端は洗い忘れやすいポイント。先端の位置を確認してから、被毛の奥にある皮膚を洗います。

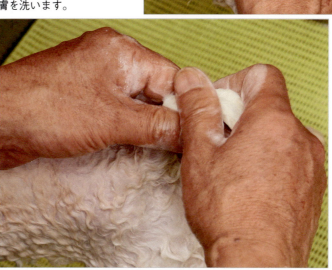

MEMO

テイルの付け根〜肛門周りも汚れやすいので、被毛をかき分けてしっかりと洗いましょう。1回で落としきれないときは、2回に分けてていねいに。

シャンピング ②

POINT
前肢〜顔周り〜耳を
洗うコツをつかむ

STUDY!
　手根球や耳の縁といった洗い残しやすい部位に気を付けて、ていねいに汚れを落とすようにしましょう。
　P36〜で解説したようにボディ・後肢・テイルを洗い終えたら、続いて前肢に進み、最後に顔周りと耳を洗います。前肢の肘は、飛節と同じ要領で。毛流に沿って上から下へ洗っていると手根球の周りを洗い残しがちなので、注意してください。
　顔周りは、上望して目の上から後頭部へと洗っていきます。汚れが落ちにくいストップは念入りに。シャンプー剤が目に入らないように気を付けながら洗いましょう。
　耳は脂っぽくなりやすい部位なので、テイルと同様、被毛だけでなくその奥にある皮膚（耳の縁）までしっかり洗うことが重要です。

CHECK!
☐ 前肢は、肘と手根球をとくにていねいに
☐ 顔周りはストップに気を付けて。シャンプー剤が目に入らないように注意
☐ 耳は、被毛だけでなく縁（皮膚）もしっかり洗う

前肢

1 片方の手で肢を持ち、逆の手で洗っていきます。

とくに手根球の下側が洗いにくいので注意

2 手根球の周りは親指の縁を使い、指を細かく動かしてしっかり汚れを落としましょう。

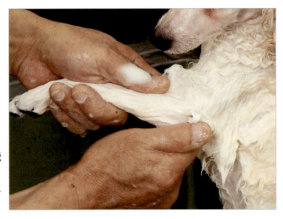

3 肘は汚れやすいので、飛節と同様に、親指と人さし指で挟んでていねいにこすります。

顔周り

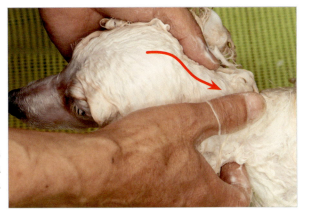

1 目の上から頭頂部に向けて、親指の腹でなでるようにして洗っていきます。目にシャンプー剤が入らないように気を付けて。

2 そのまま、後頭部へと洗い進めます。両手で左右半分ずつ洗っていくと、洗い残しがなく効率的です。

> 親指は縦にして、力を入れすぎないように

3 汚れが落ちにくいストップは、犬の顔を上に向かせて、親指でしっかり洗いましょう。

✗ NG！

顔や頭部を洗うときに、泡の付いた手が目にふれてシャンプー剤が目の中に入ることも。目の周りを洗うときだけでなく、保定するときにも十分注意しましょう。

MEMO

涙やけしやすい目頭や食べもののかすが溜まりがちな口周りも、念入りに汚れを落とさなければならないポイント。部位によって親指の腹や縁を使い分け、ていねいに洗ってください。

耳

耳は脂っぽいので、とくに念入りに汚れを落とすことが必要です。耳をめくり、親指の腹でこすって洗います。

洗い忘れやすい耳の縁は、被毛をかき分け、奥にある皮膚までしっかり洗うようにしましょう。

タウエリングと
ドライングのポイント

POINT
▼
タウエリングとドライングのコツをつかむ

STUDY!
シャンピングを終えて被毛を乾かす際に気を付けたいポイントを解説します。タウエリングでどの程度被毛の水分を取るかによってドライングの進め方が変わるため、前もって両方の注意点を把握することで効率的に作業を行えるようになるのです。

いちばん重要なのは、被毛が最適な水分量を保った状態でドライング（ブロー）を行うこと。水分が多すぎても少なすぎてもうまくいかないので、タウエリング時のさじ加減とドライング時の柔軟な対応が求められます。仮に「20%」が被毛を伸ばす最低限の水分量なら、それを目安に実際にやってみて感覚をつかんでください。また、皮膚を傷つけずにきちんと乾かせるように、被毛のとかし方にも気を配りましょう。

CHECK!
☐ ゴシゴシこすらず、タオルに水分を移すようなタウエリングを
☐ 被毛を伸ばすのに必要な水分量（20%目安）を意識し、効率的に乾かしていく
☐ 皮膚を傷つけないよう注意しながら、ドライヤーの風の向きに合わせてスリッカーを使う

タウエリング

四肢を持ち上げて、内側もふきます

耳の中の水を出すために、犬に体をブルブルさせてもOK

1 手で被毛を軽く絞ってから、タオルに水をしみ込ませるようにしてふいていきます。ドッグ・バスの中でふく場合は、顔から始めましょう。

2 タオルで体を覆うようにしながら、被毛の水分を取っていきます。ゴシゴシこすらないように注意しましょう。

MEMO
ドッグ・バスの中である程度ふいてからトリミング・テーブルに犬を移し、手が届きにくかった部位をふきます。時間が経つほど水分がどんどん減っていくので、手早く終わらせましょう。

ドライング&ブローのポイント

※スタンドドライヤーを使用した場合について解説しています。

被毛の水分量を計算しながら乾かす

　被毛をしっかり伸ばしつつ効率的に乾かすには、ドライヤーの風を当てる時間とスリッカーでとかす回数を最低限に抑えられる状態（＝被毛が含む水分量が20％程度のとき）で乾かすことが必要です。しかし、右図のように1カ所を乾かしているうちにほかの部位にも風が当たったりして乾いていくため、タウエリングの段階で、たとえば「最初に乾かすテイルは20％の水分を残して、次に乾かす腰はテイルを乾かしているあいだに風に当たるから、25％程度にしておけばちょうど良いだろう」といった計算が求められるのです。

　もちろん、そのように時間差や風の当たり方を考慮して適切な水分量を計算するのは簡単ではありません。また、20％という数字はあくまで目安。「さわってみてこのくらいのときに乾かすとうまくいった」など自分でわかりやすい指標をつかみ、そのときどきで臨機応変に対応するのがおすすめです。

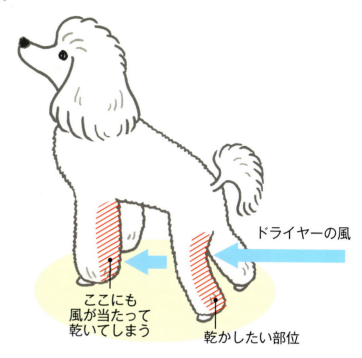

ほかの部位を乾かしているときに風が当たりやすい部位は、とくに注意しましょう。

皮膚を傷つけないように

　被毛の根元まで乾かして伸ばすためにスリッカーやコームを使いますが、ピンで皮膚を傷つけることもあるので気を付けましょう。とくに肩端（肩甲骨と上腕骨の関節部）や胸骨端、十字部、肘、飛節といった出っ張っている部分は引っかかりやすいため、被毛をもう一方の手で押さえ、皮膚を直視しながら慎重にとかしてください。

　このときに皮膚をよくチェックすることで、しこりや炎症、ノミなどの異常を発見できます。

被毛の向きに沿ってとかす

　ドライヤーの風は、皮膚に対して直角に当てることが大切。そうすることで、被毛を放射状に広げます。

　その毛の向きに沿ってスリッカーやコームでとかし、根元まで風を当てて乾かしましょう。被毛が広がらず、一方向になびくだけだと風が当たらない部分ができてしまうので注意してください。

被毛をかき分けて皮膚をチェックします。

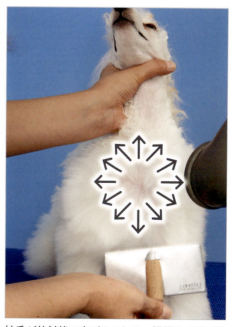

被毛が放射状に広がることで、根元まで風が当たります。

ドライング 1

POINT
▼
後肢〜後躯の
ドライングの基本を覚える

STUDY!
　P40〜で確認したポイントに気を付けて、ドライングを行います。最初に顔周りにドライヤーを当てると嫌がる犬が多いので、後肢〜後躯など体の後方から始めて徐々に前方へと進めていきましょう。
　後肢で心がけたいのは、「飛節より下の足先を上向きにブラッシングする」ということ。下向きにとかすと、足指の付け根の関節を傷つけてしまう可能性があるので注意してください。飛節をとかすときも、出っ張りにスリッカーのピンを当てないよう慎重に。テイルやパッドにも十分気を付けましょう。
　また、前肢〜前躯やタック・アップに風が当たってブラシを入れる前に乾いてしまうこともあるので、風の向きにも気を配りましょう。

CHECK!
- ☐ 飛節より下の足先までは上向きにとかす
- ☐ 飛節、テイル、パッドなど傷つけやすい部位はとくに注意
- ☐ 前肢などほかの部位になるべく風が当たらないように

後肢〜後躯のドライング

※基本的な方法として後肢から始めます（スタンドドライヤー使用）。

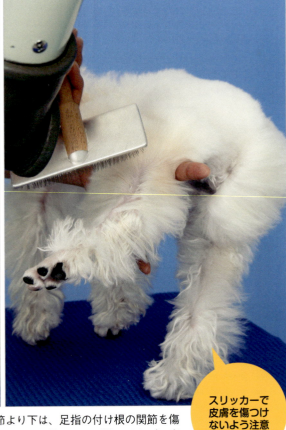

1 スリッカーでとかしながら後肢を乾かします。飛節より下は、足指の付け根の関節を傷つけないために上向きにとかしましょう。犬を立たせたまま乾かすのが難しければ、寝かせた状態でもOK。

スリッカーで皮膚を傷つけないよう注意

とくに、尾先を引っかけないよう注意！

3 テイルを乾かします。スリッカーのピンで尾軸を引っかけないように、もう一方の手をテイルの裏から当てて手のひらに毛を広げた状態でとかしましょう。

前躯になるべく風が当たらないように

2 毛流に沿ってブラッシングしながら、お尻を乾かします。とかしながら毛玉やもつれがないかをチェックして、見つけたらスリッカーやコームでほぐしておきましょう。

POINT

前肢でも、足先を乾かすときはスリッカーで手根球を傷つけないように気を付けましょう。

タック・アップは被毛が短く乾きやすいので、後肢を乾かすときなどに風が当たらないようとくに注意してください。

4 内股を乾かします。犬を立たせて片足を持ち上げると、犬の体に負担がかかったり毛を伸ばしにくい可能性もあるので、寝かせた状態で行うと安心です。

+α

シニア犬や子犬の場合は、犬への負担を考慮して腹部を最初に乾かすこともあります。

MEMO

ドライヤーはスタンドでもハンドでも、自分の使いやすいものでかまいません。それぞれの部位を効率的に乾かすためには、あまり広範囲に風が当たらないもののほうがいいかもしれません。

ドライング ②

POINT

前肢〜前躯〜頭部の
ドライングの基本を覚える

STUDY!

前肢〜前躯〜頭部のドライングを行います。ドライヤーの風で被毛を放射状に広げる、スリッカーやコームのピンで皮膚や関節を傷つけないようにするなどのポイントは後肢〜後躯と共通なので、引き続き気を付けましょう。

とくに注意が必要なのは、頭部のドライングです。目や耳などはスリッカーのピンやドライヤーの風が当たるとケガや犬の負担につながりやすいため、ほかの部位よりもいっそう慎重に作業してください。心配な場合は、スリッカーよりも細かい作業に向いているコームを使うのがおすすめです。

また、顔や耳をさわられるのを嫌がって動く犬も多いので、しっかり保定するようにすることも大事です。

CHECK!

☐ 皮膚や関節を傷つけないように注意
☐ 頭部を乾かすときは、目や耳を傷つけないよう十分注意して
☐ 慎重に作業したいときはスリッカーをコームに替えて

前肢〜前躯のドライング

脇の下もしっかり乾かします

1 スリッカーでとかしながら前肢を乾かします。足先は下から上へとかし、手根球や足指を傷つけないよう注意。後ろ側の筋にも気を付けましょう。

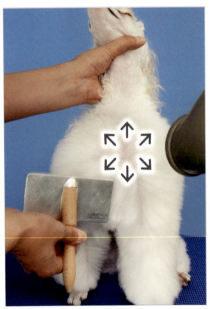

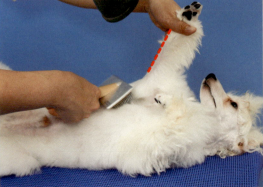

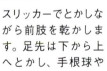

最後にコームでとかし、毛玉がないか確認

2 前躯を乾かします。ドライヤーの風を皮膚に直角に当てて被毛を放射状に広げ、スリッカーを毛先からだんだんと根元のほうへ入れてとかしながら乾かします。

頭部のドライング

NG! ドライヤーの風を直接目に当てないように注意

頭部のドライングで最も注意が必要なのは、目を傷つけないこと。とくに前頭部〜頭頂部を乾かすときは、スリッカーのピンが当たらないよう十分注意しましょう。

1 頭部を乾かします。イマジナリー・ラインの際から始めて、下から斜め後ろへとかして乾かしていきます。続けて、頭頂部など頭部の中心部分を同様に乾かします。

2 耳を乾かします。ドライヤーの風を当てて被毛を広げ、外側へ向けてとかしながら乾かしましょう。耳縁はスリッカーだとケガをさせる可能性があるので、コームでていねいに毛を伸ばすのがポイントです。

3 耳は、裏返すと乾かしやすくなります。耳の穴にドライヤーの風が直接当たらないように、保定している手の指で穴を覆ってください。

逆の手を被毛の下に添えて

finish

全身の被毛が伸びた状態でドライングが完了。ていねいなドライングにより立毛しやすくなり、カットもスムーズになります。

MEMO
耳の被毛は濡れるとまとまって束になるので、そのままドライヤーの風を当てると乾きにくいことがあります。ドライング前にタオルで水分をしっかりふき取ってから乾かしましょう。

special thanks to

『フィノ』(♀) 　P62〜69、P74〜85、P122〜128
『ナナコ』(♀) 　P86〜97
『アイ』(♀) 　P98〜107、P108〜115
『トゥイーティー』(♀) 　P116〜121
『ココア』(♂) 　P132〜141、P70〜72
株式会社オカセン　P50〜61

プードル・カットの基本
～「金子メソッド」で学ぶ

- 「金子メソッド」の基本
- ラム・クリップで学ぶシザー・ワークの基本
- クリッピングの基本テクニック（顔＆足）

chapter 3

バランスの良い完成形につながる
「金子メソッド」の基本

Basic poodle

「角」を落として「丸」を作る！

「面」と「角」のとらえ方

「面と角」でとらえたラム・クリップのゲージ（途中経過）。作業を進める際は、このような「面と角」のつながりをつねにイメージするようにしましょう。

©Kouichi Kaneko 2016

Kaneko Method

丸く作りたい部分を「丸く切ろう」とするのが失敗のもと

カットの際、最も苦労することのひとつが「丸い部分」の整え方でしょう。どんなにていねいにカットしても、左右のバランスがおかしかったり、目指した形になっていなかったり……。修正しようとするうちに、かえってゆがみや凹みが出て、ブレスレットやクラウンが小さくなってしまったという経験は、誰にでもあるはずです。

「丸」がうまく作れない主な原因は、最初から「丸く切ろう」とすることにあります。正方形の紙を、コンパスなしで丸く切る方法を考えてみてください。紙とハサミをくるくる回して切ろうとしても、きれいに仕上げるのは困難。それより、四角形の角を落として円に近づけていくほうが確実でしょう。

まず、正方形の4つの角をそれぞれ45度の角度で落とし、正八角形にします。さらに、その角を等しい角度で落とせば、正十六角形に。この時点で、真円にかなり近づいているはずです。「面と角」の理論では、トリミングにおいても同様に「角を落として丸くしていく」ことを基本としています。つまり、「丸」を作るために必要なのは、「面」と「面」が接する「角」を正しい角度で落とし、最終的に「丸に近い形」に仕上げる技術なのです。

トリミングを美しく仕上げる5つの基本

1 犬を自然に立たせる

犬の体型や骨格はさまざま。カットによってカバーできる部分はカバーし、それぞれの犬のスタイルに応じて適切な形に仕上げます。

2 目線の位置に注意する

犬を見下ろす姿勢で作業すると、ハサミの角度が前後に傾いてしまいがちです。とくに「テーブルに対して平行な面」を作りたい場合、カットする部分と同じ高さまで目線を下げて確認する必要があります。

3 立毛を正しく、ていねいに

毛質・毛量・毛流を考慮に入れてコームでしっかりと立毛させ、より自然な状態に被毛を整えてからカットします。

4 ハサミの向きと角度を理解する

一定の角度でハサミを動かせるように、基本的な動作の練習をきちんとしておきます。

5 どの部分を切っているのか把握する

「面と角」で仕上げる場合の基本を理解し、今どの部分を切っているのか、意識しながら作業します。途中でおかしな面を作ってしまうと、仕上がりに影響するので注意します。

「角を落とす」ということ

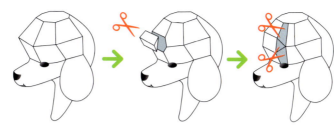

「面と角」でとらえたラム・クリップのゲージ(途中経過)。作業を進める際は、このような「面と角」のつながりをつねにイメージするようにしましょう。

©Kouichi Kaneko 2016

ラム・クリップで学ぶ「面」と「角」を意識したトリミング法

次ページ以降では、ラム・クリップを例に挙げて解説していますが、「面と角」の理論はどんなカットにも応用可能です。また、解説の中で示される角度は、標準的な体型の犬を基準とした平均的なもの。「ローオン・レッグス・タイプ(胴が長く肢が短い)」や「ハイオン・レッグス・タイプ(胴が短く肢が長い)」といった体型の違いや肢の向き、アンギュレーションの深さなど、カットする犬のスタイルに応じて微調整していきましょう。また、犬を正しく見ることや、道具を適切に使うことも大切。トリミングの基本も見直し、正確かつていねいに作業を進めていきましょう。

ラム・クリップで学ぶシザー・ワークの基本 ≪≪≪

2 ①と同様に、外側・後ろ側・内側のクリッピング・ラインにもハサミを入れます。ハサミの刃先を使い、毛の根元から確実にカットします。

1 後肢のフット・ラインをカットします。テーブル（トリマーに近い端）に犬を正しく立たせ、前側のクリッピング・ラインに沿ってカットします。ハサミは、テーブルに対して平行に当てます。

before

足、顔～ネック・ライン、テイルの付け根、腹部のクリッピング作業を終えたところとほぼ同じ状態。

5 フット・ラインの前側の角度を決めます。上望し、前側のフット・ラインから、③のラインと直角に交わる角度で、ほど良い丸みを付けて切り上げます。

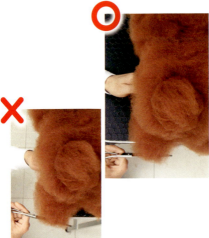

4 ③の作業をする際、上望してハサミは必ず背骨に対して直角に当てます。

3 フット・ラインの後ろ側の角度を決めます。側望し、後ろ側のクリッピング・ラインから、テーブルに対して45度の角度で、ほど良い丸みを付けて切り上げます。

Kaneko Method

8 前肢の足周りをカットします。テーブル（トリマーに近い端）に犬を正しく立たせ、前側のクリッピング・ラインに沿ってカットします。ハサミは、テーブルに対して平行に当てます。

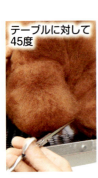

背骨に対して45度

テーブルに対して45度

7 フット・ラインの前側・外側・後ろ側・内側の角を取るようにカットします。ハサミは背骨に対して45度、テーブルに対して45度の角度で当てます。

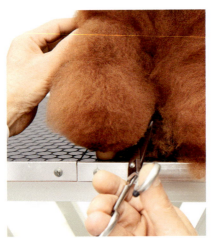

6 フット・ラインの外側・内側の角度を決めます。後望し、それぞれテーブルに対して45度、また上望しそれぞれ背骨に平行にハサミを当てて、ほど良い丸みを付けて切り上げます。

50

| 11 | フット・ラインの前側・外側・後ろ側・内側の角を取るようにカットします。ハサミは上望し背骨に対して45度、なおかつテーブルに対して同じく45度の角度で当てます。

| 10 | フット・ラインの前側と後ろ側は、側望しテーブルに対して45度、上望し背骨に直角の角度で切り上げます。外側と内側は前望しテーブルに対して45度、上望し背骨に平行な角度で切り上げます。

| 9 | ⑧と同様に、外側・後ろ側・内側のクリッピング・ラインにもハサミを入れます。

| 14 | テイルの前付け根から後ろは、理想的な寛骨の角度を意識して、側望しテーブルに対して30度の角度でカット。

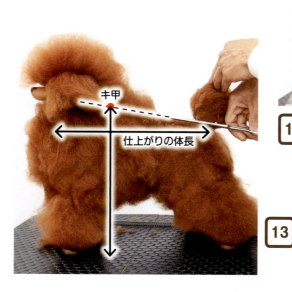

| 12 | 後躯の背線をカットします。テイルの付け根から、テーブルに対して平行〜やや前上がりのラインでカットします。

| 13 | スクエアな体形が理想なので、⑫の角度は、中躯まで延長したとき、キ甲の高さが体長とほぼ同じになるように決めていきます。

| 17 | 後肢の外側をカットします。⑯で決めた幅から下へ、上望し背骨に平行、なおかつテーブルから立ち上げた垂線に対して10度ほど開く角度で真っ直ぐにカットします。

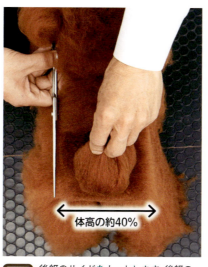

| 16 | 後躯のサイドをカットします。後躯の幅は体高の40％程度を目安にします。ハサミは背骨に平行な角度をキープします。

| 15 | ボディの後部をカットして体長を決めていきます。後肢アンギュレーションの始まるポイントまで、テーブルに対して垂直にカットします。

19 ⑰の作業では背線からフット・ラインまで、外側へ湾曲しないように真っ直ぐな面を作ります。

POINT 丸で囲んだあたりをカットするときハサミを横向きにすると、ハサミを持つ手がボディに当たるため、正しい角度を保てない

18 右利きのトリマーが犬の左サイドをカットする際、大腿部はハサミを縦（もしくは斜め向き）に当てます。ただし、タック・アップより下はハサミを横に当てるとよいでしょう。

POINT
✗ 切り始めの角度が開きすぎている
✗ フット・ラインへ向けて、途中から内側に入る

21 ⑳でカットした部分を立毛し直すと、内側の前方に切り残しの毛が出てきます。その部分を、刃先をやや外側へ向けてカットします。

20 後肢の内側をカットします。⑰に対して平行にカットします。

24 ㉓の高さ（飛節）～⑮でカットした後肢アンギュレーションの始まるポイントに向かって、少しのアールを付けて切り上げます。

23 スロープ・ラインをカットします。立毛し、飛節の高さを確認します。

22 内側の前方は毛が前へ流れているため、⑳の作業の際に刃先から毛が逃げてしまいます。㉑の作業を加えることで、面を平らに整えることができます。

Kaneko Method

27 ハサミの角度を変えたところに切り残しが出ないよう、㉕の作業をする際は、㉖でカットする部分へつなげることを考えておきます。

26 ㉔でカットした面（スロープ・ライン）と後肢側面の角を取るように、スロープの角度に合わせてハサミの角度を変えながらカットします。

25 ⑮でカットした面と後肢側面の角を取るようにカットします。⑮でカットした高さまでは、上望し背骨に45度、テーブルに対して垂直にカットします。

背骨に対して直角　テーブルに対して垂直

30 ③と㉔の角を、テーブルに対して垂直にカットします。ハサミは背骨に対して（上望して）直角に当てます。

29 ③と外側・内側の面の角を取るようにカットします。

28 ⑮、㉔でカットした後肢の後ろ側と、内側の角を取るようにカットします。㉗と同様、切り残しがないように面をつなげます。

33 ㉜と⑭の角を取るようにカットし、㉕の面へつなげます。

32 後躯の背線と後肢側面の角を取ります。⑭と⑮の頂点から後肢側面へ、テーブルに対して平行な線を想定。その線上から45度の角度でハサミを当てます。

31 ㉚と外側・内側の面の角を取るようにカットします。

POINT

膝の位置にテーブルから立ち上げた垂線と、㉞の延長線が作る角度を想定し、その半分の角度を目安にすると良いでしょう

35 ㉞より上は、テーブルに対してハサミをやや立ててカットします。

34 後肢の前側をカットします。フット・ラインから膝の高さまで、㉔に平行にカットします。

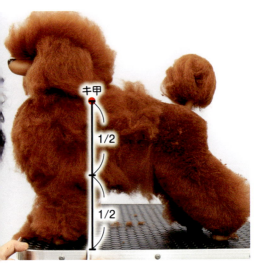

38 ボディのアンダーラインをカットします。前肢の後ろ側の線上に、テーブル～仕上がりのキ甲の高さの中間点を想定します。

37 ㉟と外側・内側の面の角を取るようにカットします。

36 ㉞と外側・内側の面の角を取るようにカットします。

41 ㊵までカットを終えたところ。㊵より後ろに切り残しが出ています。

40 ㊳で想定した点～㊴まで、テーブルに対して20度の角度でカットします。

39 ネック・ライン、エプロンの毛がオーバーコート（過剰）な場合は、先に粗刈りします。側望して体長を3等分し、後ろから1/3の位置を確認します。

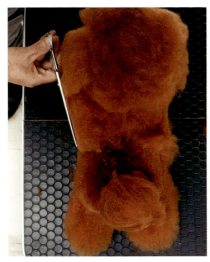

44 中躯のサイドをカットします。ハサミはテーブルに対して垂直に当て、上望したとき前に向けて軽く広がるように整えます。

43 ㊵の位置までは「後躯」となるので、サイドボディや背線に切り残しがあれば整えます。

42 ㊶の切り残しを、㉟へつなげるようにカットします。

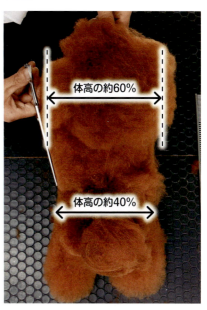

47 側望し、㉜で想定した線（線Ⓐ）を確認。さらにその下に、中間タイプの場合はボディの高さを3等分するように、もう1本の線（線Ⓑ）を想定します。線Ⓑの位置は、ハイオンならやや上、ローオンならやや下になります。

46 右利きのトリマーの場合、後躯〜中躯の右サイドをつなげる部分は、ハサミを上から縦に当てます。ハサミを横向きにするとボディに手が当たるため、前躯の毛を切りすぎてしまいます。

45 最終的に、前躯の幅は体高の60%程度に仕上げます。犬の左側中躯のサイドは仕上がりの前躯の幅を想定し、後躯〜前躯をつなぐ角度でカットします。

50 中躯の背線をカットします。中躯の半分あたりまでは、後躯の背線を延長します。

49 ㊽と㊲のあいだの切り残しをカットし、ボディと後肢のつながりを整えます。

48 ㊵とサイドボディの角を取るように、㊼で想定した線Ⓑの高さまで切り上げます。

| 53 | ㊷より下は、テーブルに対して垂直にカットします。この部分は、立毛すると下側が膨らんでしまうので、下胸へ向けてやや角度を付けるつもりでハサミを当てると良いでしょう。 |

| 52 | 胸をカットします。㊼で想定した線Ⓐの高さまで、ハサミをネック・ラインに沿って当てて前胸の毛をカットします。 |

| 51 | 後躯から㉜の面を延長し、㊿と㊹の角を取ります。 |

POINT

❌ ハサミを平行に当てると前が広がってしまう

| 55 | 右利きのトリマーが右サイドをカットする際は、刃先から毛が逃げやすいので、ボディの前部へ向けてやや幅を狭めるつもりでハサミを当てます。 |

| 54 | ㊹からつなげて、前躯のサイドボディをカットします。㊺で想定した体の幅(体高の60%)を目安に、背骨に対して平行、テーブルに対して垂直にハサミを当てます。 |

| 58 | 前肢の後ろ側をカットします。側望し、㊳で想定した位置(アンダーラインの始まり)からテーブルに対して垂直、背骨に対して直角にカットします。 |

| 57 | ㊷と㊻、㊶と㊾の角を取るようにカットします。 |

●線Ⓐの高さ

| 56 | ㊾からつなげて、ネック・サイドをカットします。㊼で想定した線Ⓐ〜耳の付け根をつなぐ角度で、背線より少し上までカットします。 |

Kaneko Method

61 後肢の内側をテーブルに対して垂直、背骨に対して平行にカットします。さらに、外側・内側・前側・後ろ側の面の角を取ります。

60 前肢の前側をカットします。㊳と同じ高さから、テーブルに対して垂直、背骨に対して直角にカットします。ハサミを縦に当てると足先が細くなりやすいので、ハサミは横向きに当てると良いでしょう。

59 前肢の外側をカットします。㊴からつなげて、テーブルに対して垂直、背骨に対して平行にカットします。

POINT

上望
1 : 1.4 : 1

側望
1 : 1.4 : 1

角を取るときは、ハサミを背骨に対して45度の角度で当て、八角柱になるようにカットします。前望または側望したとき、肢の幅が1：1.4：1になるように角を取っていくとバランス良く仕上がります

63 ㊿でカットした前肢の高さから㊼で想定した線Ⓑの高さまで上望し、背骨に直角になるように胸の下側を切り上げます。

62 前肢の後ろ側と外側の角を取った部分と㊽のあいだに切り残しがないよう、面をつなげます。

66 目尻と耳の前付け根までの、顔のイマジナリー・ライン部分を作ります。

65 前肢の前側と外側の角を取った面と㊲につなげるように、㊳と㊴の角を取ります。

64 ㊳とボディのアンダーラインをつなげるように下胸をカットします。

69 ⑱からつなげて、背骨に対して平行になるようにサイドネックを㊹の面へつなげていきます。

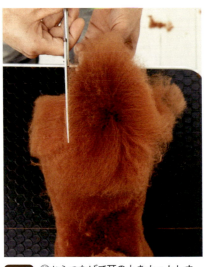

68 ㊿からつなげて耳の上をカットします。耳の前付け根〜後ろ付け根を、テーブルに対して垂直・背骨に対して平行にカットします。

67 ⑯は、前望してテーブルから立ち上げた垂線に対して外側へ25度ハサミを倒してカット。上望したときには背骨に対して25度開いた角度にします。

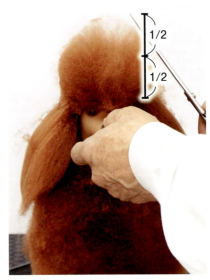

72 ⑱の面の上部をカットします。仕上がりのクラウンの半分の高さから、前望しテーブルに対して45度、上望し背骨に対して平行にカットします。

71 ⑳までの作業を終えたところ。前望し、クラウンがテーブルに対して垂直で、左右のラインが平行になっていることを確認します。

70 ⑲と㊷の角を取るようにカットします。

75 ㊹と㊻のあいだ（左右それぞれの目の上）の面を、目の延長線から見てテーブルから立ち上げた垂線に対して外側へ25度開いた角度でカットします。それから、仕上がりのクラウンの半分の高さから上へ、目の延長線から見てテーブルに対して45度の角度でカットします。

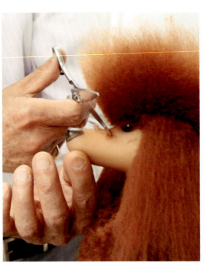

74 ストップから上へ、側望しテーブルから立ち上げた垂線に対して前へ25度、上望し背骨に対して直角の角度でカットします。

73 ㊻の面の上部をカットします。仕上がりのクラウンの半分の高さから、面㊻の延長線から見てテーブルに対して45度、上望して背骨に対して25度の角度でカットします。

POINT

クラウンの角度 / クラウンの分割

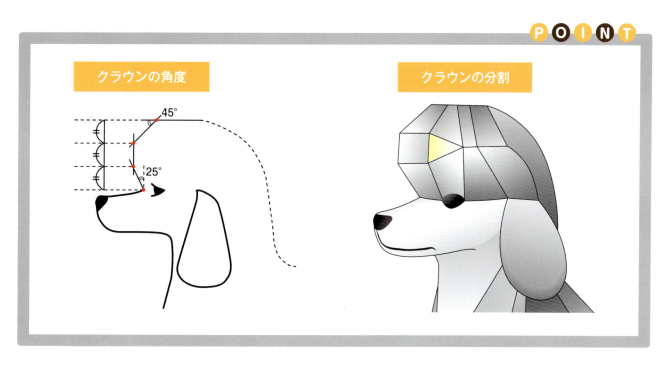

78 クラウンの上部をカットします。耳の前付け根までは、テーブルに対して平行にカットします。仕上がりの高さの目安は、クラウンの高さ5に対し、前後の幅が10弱を目安にします。

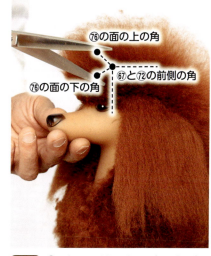

77 ⑯でカットした面の上下の角と、㊇と㊆の前側の角を結ぶようにカットします（上図「クラウンの分割」の黄色部）。⑮の2つの面と⑯でできた角をテーブルに対して垂直になるように切り取ります。

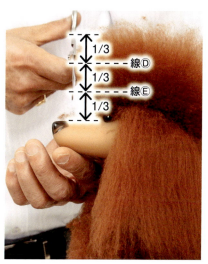

76 前望し、㊆の面に仕上がりのクラウンの高さを3等分する線（線Ⓓ、線Ⓔ）を想定します。線ⒹとⒺのあいだを、テーブルに対して垂直、背骨に対して直角の角度でカットします。

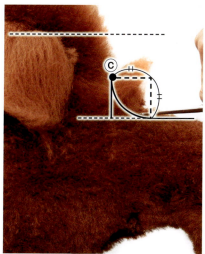

81 頭部〜背線をつなぐ部分に、点Ⓒ（P60の図中）〜背線の長さを半径とする四分円を想定し、四分円との接点まで背線を伸ばします。

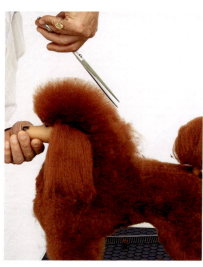

80 ㊆より後ろは、イマジナリー・ラインと背線の中間の高さ（P60の図中／点Ⓒ）までを目安に、刃先を使って丸みを付けていきます。

79 ⑯で想定した線Ⓓより上を、側望しテーブルに対して45度、上望し背骨に対して直角の角度でカットします。

頭部〜背線のつなぎ方

POINT

考え方の基本 — 背線がテーブルに対して平行な場合

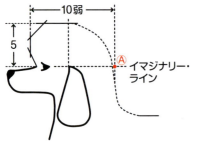

1. クラウンの前部から、クラウンの高さ5に対して10弱の位置に**垂線①**を想定（左図）。イマジナリー・ラインの延長線との交点を点Ⓐとする。
2. 背線の延長線と**垂線①**の交点を点Ⓑとする。
3. 点Ⓐと点Ⓑの中間点に点Ⓒを想定する。
4. 点Ⓑ〜点Ⓒ間の距離を半径とする四分円を首の後ろに想定し、そのラインに沿ってネック〜背線をつなげる。

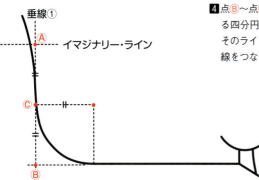

実践 — 背線がテーブルに対して傾斜している場合

1. 上の基本と同様に、**垂線①**と点Ⓐ〜Ⓒを想定する。
2. 点Ⓒからテーブルに対して平行な**線②**を想定し、その線上に点Ⓑと等距離にある点Ⓓを想定する。
3. 点Ⓓから垂線を下ろし、背線との交点を点Ⓔとする。
4. 点Ⓔからテーブルに対して平行な線を想定し、**垂線①**との交点を点Ⓕとする。
5. 点Ⓒ〜点Ⓕ間の距離を半径とする四分円を想定し、そのラインに沿ってネック〜背線をつなげる。
6. 点Ⓔより後ろは背線と考え、テイルの付け根まで真っ直ぐにつなげる。

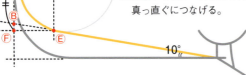

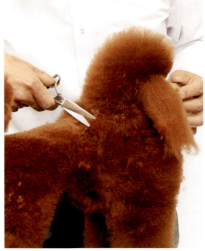

82 ⑧で決めた背線の終わりから⑧へ、四分円の弧に沿ってつなげていきます。

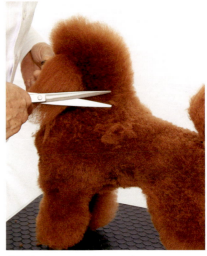

83 ⑧とサイドネックの角を四分円でカットし、その面と㊶と㊺との3面が交わる隆起した部分をつなげます。

86 前望し、外側・内側の角を取ります。

85 ⑭のラインの前後の角を取り、カットしてできた角をさらに取ります。

84 側望して耳の長さを想定し、テーブルに対して平行にカットします。

Kaneko Method

クリッピングの基本テクニック

clipping technique

クリッピングは、プードルのトリミングにおいて重要な要素。
ショー・クリップだけでなく、ペット・カットでも
顔バリや足バリを取り入れることでスタイルがぐっと引き締まるのです。
ここでは基本のテクニックを解説します。

Kaneko Method

プードルらしい美しさ&清潔感がアップ

最近はテディベア・カットなど、顔を丸くふんわりと仕上げるペット・カットですが、ネック～顔をすっきりとクリッピングする「顔バリ」や、足先の毛を刈る「足バリ」を入れたスタイルを好むオーナーさんもけっして少なくありません。それには、**プードル本来の美しさが際立つのはもちろん、清潔さを保てるという理由**もあります。

かわいらしさや賢さと並ぶプードルの魅力のひとつとして、「清潔さ」が挙げられます。室内で一緒に暮らすことを考えた場合、抜け毛やニオイが少ないことは大きなメリット。顔や足にバリカンをかけると、汚れやすい部分に毛を残さないため、清潔感がより高まるのです。とくに淡い毛色の犬の場合は、涙やけやよだれやけの予防・改善にも役立ちます。

クリッパーの扱い方と保定の技術を見直して

クリッピングに使用するクリッパー。トリマーにとっては使い慣れた道具ですが、より精度の高い作業を行うためには、**正しく使いこなせているかどうか、改めて見直すことも必要**です。プードルの顔バリや足バリは1ミリ前後の短い刃で作業するため、クリッピング面がなめらかに仕上がっていないと美しさが損なわれます。また、ネック・ラインやイマジナリー・ラインなどが適切な位置に入っていないと、正しいシンメトリーやメリハリのあるスタイルに仕上がりません。

クリッパーの顔バリや足バリは1ミリ前後の短い刃で作業するため、クリッピング面がなめらかに仕上がっていないと美しさが損なわれます。また、ネック・ラインやイマジナリー・ラインなどが適切な位置に入っていないと、正しいシンメトリーやメリハリのあるスタイルに仕上がりません。

また、保定のしかたも再確認しておきましょう。スタイルの要となるイマジナリー・ラインを入れたり、リップ周りや指の関節などケガをさせやすい部位を刈る際は、犬が動かないようにすることが大切です。コツは、**正しいポイントを軽く押さえ、犬に不快な思いをさせない**ことです。

❶ 刃を立てない……
クリッパーの刃（ブレード）は、刃先に向けて角度が付いています。頬など広い面を刈るときは、ブレードの底（静刃の裏側）を皮膚に当てて動かすのが基本。クリッパーを立てて刃先のみを使って刈るのは、細かい部分の作業だけにしましょう。

❷ 直線的に動かす……
刈り始めと刈り終わりのポイントは、真っ直ぐな直線で結ばれていなければなりません。

❸ 毛流に合わせて動かす向きを見きわめる……
とくにネック・ラインを作る際に刈る首～胸のあたりは、毛流が一定ではありません。並剃りなら上→下、逆剃りなら下→上、というように機械的に手を動かすのではなく、ポイントごとに毛流を確認しながら作業を進めることが大切です。

スタンダードを理解すればアレンジも可能に

顔バリや足バリの入れ方の基本となるのは、コンチネンタル・クリップに代表されるプードルのショー・クリップです。バランスを決めるポイントになるのは、**ネック・ライン、イマジナリー・ライン、ストップ**の3点。それぞれ位置を決める目安はありますが、どれもスクエアな体型であることを前提に考えられているため、ペットの犬の場合は個体に合わせた微調整が必要です。

適切な調整をしていく上で欠かせないのが、プードルのスタンダードを正しく理解しておくこと。それは足バリにおいても同様です。バランスの取り方、きれいな仕上げ方といった基本さえ頭に入っていれば、自分なりのアレンジも可能です。飼い主さんの好みに応じて、顔バリや足バリを取り入れたスタイルを積極的に提案してみてください。

クリッパーの刃の構造

ブレードの底（静刃の裏）　静刃　動刃

知ってると便利！顔バリの基本と調整法

ストップ
目頭のあいだに、ほど良い深さのインデンテーションを入れます。インデンテーションは、側望したときにスカルとマズルの長さを等しく見せるためのもの。

調整POINT
トイ・プードルの場合、スカル：マズル＝10：8.5程度の比率になっていることが多いもの。スカルへ向けてインデンテーションを彫り込むことによって、マズルを長く見せます。

スカルの長さ

マズルの長さ

インデンテーションの頂点
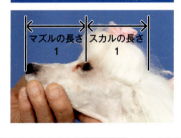
マズルの長さ 1 ／ スカルの長さ 1

イマジナリー・ライン
耳の前側の付け根～目尻を結ぶ。犬を正しい姿勢で立たせたとき、テーブルに対して平行になるように。

調整POINT
犬の耳付きが高すぎる場合は、耳の前側の付け根の位置（高さ）を調節し、目尻からテーブルに対して平行なラインを入れることを優先します。

目の周り
下まぶたの縁ぎりぎりまで刈ります。目頭の涙やけした毛は、並剃り・逆剃りの2方向からクリッパーを当てます。

頬
肌の凹凸に合わせてクリッパーを当て、なめらかな面に仕上げます。

リップ周り
毛を残さず、すっきりときれいに。口の中に巻き込む毛は外へかき出して刈り、犬歯が当たる部分の後ろのくぼみにも毛を残さないようにします。

ネック・ライン
ペット・カットの場合は、小さめのU字型に。のどから下へ、マズルの長さと等距離のポイントを頂点に、耳の後ろ側の付け根と結びます。
※ショー・クリップでは刈る範囲が広くなります。

調整POINT
ローオン、ハイオンの体型の犬は、数ミリ～1cmの幅で頂点の位置を調整するとバランスが良くなります。

ハイオンレッグ
（体高に対して体長が短い）タイプ
マズルが短いことが多いので、頂点の位置を基本より低めに。

ローオンレッグ
（体高に対して体長が長い）タイプ
マズルも長いことが多いので、頂点の位置を基本より高めに設定します。

基本
（スクエアな体型）
のど～ネック・ラインの頂点が、マズルの長さと等距離。

こんなメリットも！
インデンテーションを入れると、被毛が短くてもクラウンの前側の丸みを作ることが可能。元が短い状態なので、そこから多少毛が伸びてもクラウンの形が崩れにくいという効果もあります。

顔バリの手順とポイント

3　犬を正しく立たせ、前望して、左右の前肢の中央に犬の鼻（鼻鏡）が位置していることを確認します。

2　のどから下へ向けて①と等距離にある位置を取り、そのポイントをネック・ラインの頂点とします（P63調整POINT参照）。

1　ネック・ラインの頂点を決めます。まず、のど〜マズルの先端の長さを確認します。

6　刃の先端がのどにふれるまで、静刃の裏側を皮膚に沿わせるように動かします。

5　④でクリッパーを当てた位置から、のどへ向けて真っ直ぐに逆剃りします。

4　②で決めたポイントに刃の中央が当たるように、1ミリの刃を付けたクリッパーを当てます。

POINT

✗ 刈り始めは、のどへ向けて真っ直ぐに。刃はテーブルに対して平行に当てます。写真は中心より左へずれている状態。

✗ 刃を立てすぎず、犬の皮膚にブレードの底（静刃の裏側）を当てるようにします。写真は刃が立っている状態。

✗ クリッパーの刃が左右どちらかにずれないように注意します。写真は右にずれている状態。

8 静刃の裏を皮膚に自然と当てられる位置まで来たら、クリッパーの角度を変えて下顎の先まで刈ります。

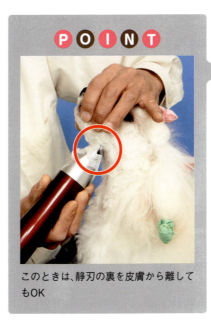

POINT
このときは、静刃の裏を皮膚から離してもOK

7 刃の先端がのどに当たったら、クリッパーの角度は変えずに、そのまま手前へ軽く滑らせるようにして、のど〜下顎へ続く部分を刈ります。

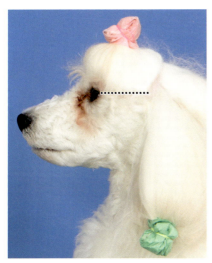

11 イマジナリー・ラインは、耳の前側の付け根〜目尻を結ぶのが基本。テーブルに対して平行なラインを作るのが理想です（P63調整POINT参照）。

POINT
犬の顔の角度は「10m先の獲物を見ているくらい」を目安に

10 犬を正しく立たせ、鼻先を軽く下げた状態で保定します。

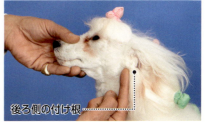

9 イマジナリー・ラインを作っていきます。耳を裏返し、耳付きの高さを確認します。

14 耳の前側の付け根まで刈ったら、クリッパーの向きを変えます。目尻へ向けて、イマジナリー・ラインに対して平行に刈ります。

13 ⑪で想定したイマジナリー・ラインを意識しながら、耳の前側の付け根へ向けて、耳孔の前の毛をきれいに取ります。

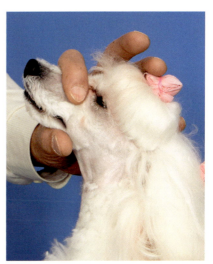

12 顔の左側を刈るときは、犬が首を動かさないよう、左手の親指を下顎に当てて人さし指をマズルの上から回し、小指で後頭部を押さえます。

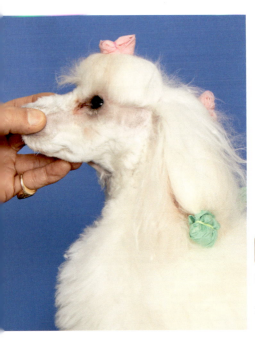

POINT
続けて刈れる部分は、できるだけ1回の動きで刈るようにします。クリッパーを何度も当て直して少しずつ刈ろうとすると、刃を立ててしまいがちです

16 犬を⑩のように立たせてイマジナリー・ラインの角度を確認し、必要に応じて調整します。

15 目尻まで刈ったら、そのまま続けて目の下〜マズルを刈っていきます。

POINT
最初から耳の後ろ側の付け根とネック・ラインの頂点を結ぼうとするとネック・ラインが広くなりすぎることがあるため、2段階に分けて作業します

アダムス・アップル

18 ネック・ラインを作ります。まず、耳の後ろ側の付け根とアダムス・アップルを真っ直ぐ結ぶように逆剃りします。

17 反対側も同様に。顔の右側を刈るときは、左手の親指を上にしてマズルをつかみ、薬指をのどのくぼみに軽く入れて保定します。

POINT
角を取る作業は3〜4回に分けて。全体のバランスを確認しながら、ネック・ラインを少しずつ広げます

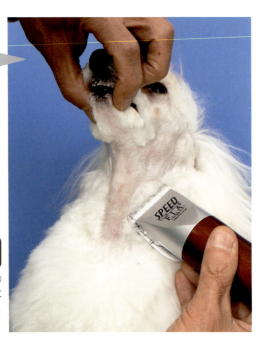

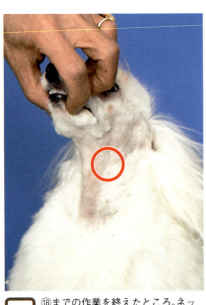

20 ⑲の角を取るように逆剃りし、②で決めたネック・ラインの頂点と耳の後ろ側の付け根を結ぶラインを大まかに作ります。

19 ⑱までの作業を終えたところ。ネック・ラインの内側に角が残ります。

Kaneko Method

22 ㉑から続けて、鼻梁を刈ります。

POINT

目頭より上から刈り始めると刈りすぎてしまいます。

21 ストップ〜マズルを刈ります。左右の目頭を真っ直ぐに結ぶ位置から刈り始めます。

25 皮膚を引っ張らずにクリッパーを軽く当て、上唇に沿ってすっと刈ります。

24 リップ周りを刈ります。左手の親指と人さし指でマズルを持ち、薬指を後頭部に当てて保定します。

23 鼻先〜インデンテーションの頂点:頂点〜後頭部が1:1となる深さを目安に、インデンテーションを入れます（P63調整POINT参照）。

POINT

クリッパーを強く押し当てると、皮膚のたるみにクリッパーの刃が引っかかって皮膚を傷つけたり、ほかの部分より短く刈ってしまい穴が空いたように見える原因になります。

POINT

皮膚の凹凸に合わせて、膨らんでいる部分にはクリッパーの刃を軽く浮かせて当てるようにします

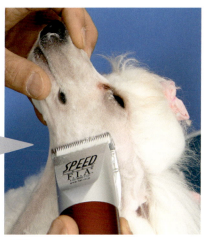

26 頬〜マズルの刈り残した毛をきれいに取ります。

29 目の下を刈ります。頬のあたりに左手の親指を当てて皮膚を軽く引っ張り、クリッパーの刃の角を下まぶたの縁に沿って動かします。

28 目頭の涙やけが気になるときは、マズルへ向けて並剃りした後に目頭の下だけ逆剃りしておきます。

27 反対側を刈るときは、⑰と同様に保定します。

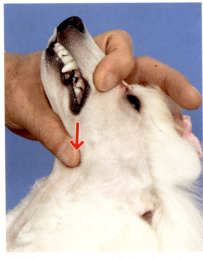

32 親指で、下顎の皮膚をのどのほうへ軽く引っ張ります。

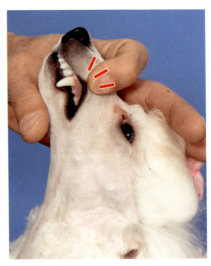

31 リップ周りを仕上げます。左手でマズルを持ち、上から回した人さし指で上唇をめくります。

30 ㉙までの作業を終えたところ。

35 反対側を刈るときは⑰と同様に保定し、親指で上唇をめくって、中指や薬指で下顎の皮膚を引っ張ります。

34 犬歯が当たる部分の後ろ側あたりのくぼみも、クリッパーの角度を変えて当て、きちんと毛を取ります。

33 口角から、クリッパーの角を下唇の縁に沿って動かすように刈っていきます。

Kaneko Method

POINT

刃の下側の角を当てて刈り始めると、刈っている部分が手で隠れて見えなくなってしまいます。

37 クリッパーの刃の上側の角を上唇の縁に沿って動かし、㊱でかき出した毛をきれいに取ります。

36 口の中に巻き込まれる上唇の毛を、指でかき出します。

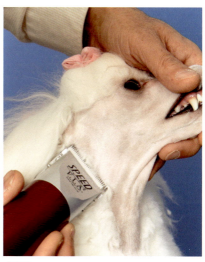

39 耳の少し下は毛流が上向きになっているので、刈り方に注意が必要。まずネック・ラインの外側から内側へ向けてクリッパーを当て、刃に毛をからめます。

POINT

耳の後ろ側の付け根

ネック・ラインは、㊳のように外側から内側へ刈るほか、下から上へ刈ってもOK。その場合は、クリッパーの外側の角の延長線が耳の後ろ側の付け根より外側へ行かないように注意します

38 ネック・ラインを仕上げます。全体のバランスを見ながら、⑳で大まかに整えたネック・ラインを少しずつ広げていきます。

41 鼻鏡にかかるマズルの先端の毛を、鼻鏡の側からクリッパーを当てて刈ります。

POINT

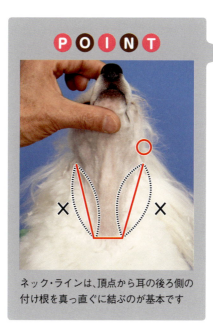

ネック・ラインは、頂点から耳の後ろ側の付け根を真っ直ぐに結ぶのが基本です

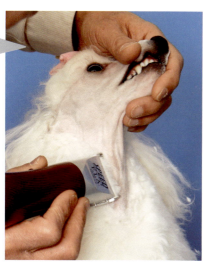

40 ㊴の角度を保ったままクリッパーを下へずらし、残った毛を取ります。

足バリの手順とポイント

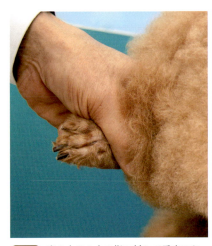
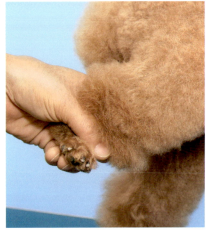

3 同じ姿勢で保定したまま、握りの上をきれいに逆剃りします。

POINT
モデル犬はややX脚なので、フット・ラインの内側を高めに。そうすると、犬が自然に立ったときにフット・ラインがテーブルに対して平行になります

2 真ん中の2本の指に対して垂直にミニ・クリッパーを当て、左手の親指にぶつかるところまで逆剃りします。

1 後肢のフット・ラインを刈ります。人さし指を外側から飛節の上、親指をフット・ライン(握りの曲がる部分)に当てて肢を曲げ、中指〜小指で下から支えます。

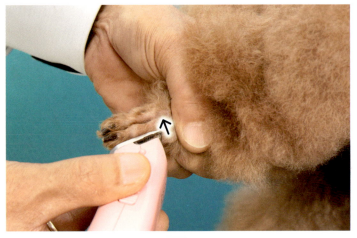

5 親指と薬指で足を上下から挟んで軽く押し、指を開いて水かきが見えるようにします。

4 肢の前側から内側、外側へつながるあたりは、毛流が外向きです。フット・ラインまで真っ直ぐに逆剃りしたら、刃に毛を載せたまま、毛流と反対に少しスライドさせます。

8 足の上面を刈り終えたところ。

7 指の側面の毛を刈ります。クリッパーの下側の角を使い、⑥でクリッピングしたところより上の部分の毛を取ります。

6 指のあいだの毛が生えている部分とパッドの境目を刈ります。クリッパーの上側の角を使い、きれいに毛を取ります。

Kaneko Method

10 中足骨を人さし指と中指で挟みます。親指で両脇の指を下げながら、真ん中の2本の指の下に親指を入れます。

9 犬の真後ろに立ち、人さし指を内側から飛節の上へ、親指を後ろのフット・ラインに当てて保定します。左手の親指にクリッパーの刃が当たるところまで、後ろ側のフット・ラインを逆剃りします。

> **POINT**
> モデル犬はフット・ラインの内側を高めにしているので、後ろ側を刈るときは、外側と内側のラインを自然につなげます

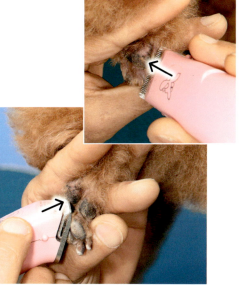

13 次に、右側と左側からそれぞれ刈ります。

12 ヒールパッドの前側を、3段階の手順で刈ります。まず、真ん中の部分を刈ります。

すき間を開ける

11 ヒールパッド（掌球）を後ろからつぶさないよう、人さし指とパッドのあいだには、少しすき間を開けるようにします。

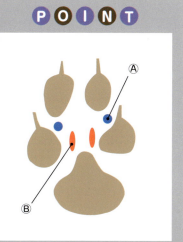

> **POINT**
> 足裏側の指の筋の部分（Ⓐ、Ⓑ）も毛を取り残しやすいところ。くぼみにクリッパーの刃を入れ、刃に毛を乗せて横にスライドさせるようにするときれいに取れます

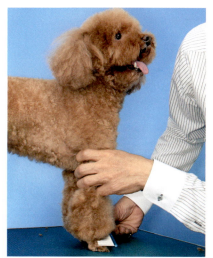

15 前肢のフット・ラインを刈ります。フット・ラインの高さは、指骨関節の高い部分を目安にします。肢が真っ直ぐな場合は、テーブルに対して平行にライン付けします。

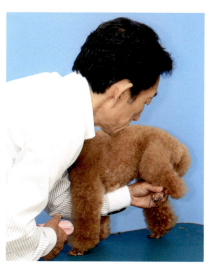

14 左の後肢を刈るときは犬の前に立ち、両前肢のあいだから腕を通して①のように保定します。

POINT

X脚の場合の補正

モデル犬はややX脚なので、補正が必要。
①〜②の手順でフット・ラインの角度を確認すると良いでしょう。

2 そのまま肢を上げさせ、肢に対するコームの角度を確認。内側へ向けて、ラインが上がっているのがわかる。

1 自然に立った状態で、テーブルに対して平行にコームを当てる。

16 前肢をクリッピングするときは、中手骨を人さし指と中指で挟み、親指をフット・ラインに当てて腕関節を曲げます。

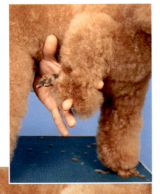

19 前腕はテーブルに対して垂直なまま、腕関節を曲げた状態で人さし指と中指で前肢を挟み、フット・ラインの後ろ側を刈ります。

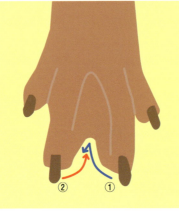

18 右利きの場合、水かきを刈るときは、右側の指先からクリッパーを入れ、指の付け根のカーブに沿って、左側の水かきの途中まで刈っておきます。その後、左側からクリッパーを入れ、刈り残した部分の毛を取ります。

17 ⑮で決めたフット・ラインまで、握りの上を逆剃りします。爪の際は毛が残りやすいところ。クリッパーの刃の後ろ側で軽く爪を押して刃に毛を載せ、クリッパーをねじるようにして毛を取ります。

POINT

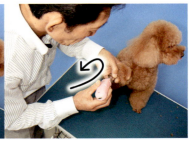

手首を返す角度には限界がある　　刈る方向に、手首を無理なく動かせる

20 ⑩〜⑪と同様に保定してパッドのあいだを開き、足裏を刈ります。

Kaneko Method

実践！ショー・クリップ

- コンチネンタル・クリップ
- イングリッシュ・サドル・クリップ
- セカンド・パピー・クリップ
- パピー・クリップ
- 子犬のファースト・トリミング
- フロント・ブレスレットとセット・アップのポイント

chapter 4

コンチネンタル・クリップ

Show Clip 1

プードルのショー・クリップのなかで最もポピュラーなスタイル。
後躯をほとんどクリッピングするので、骨格・構成の良さをアピールできます。

continental clip

もっと詳しく！ P70〜 足バリのポイント

before

前回のトリミングから約2カ月。

2 後ろ側も、①と同じ高さまで逆剃りします。パッドのあいだや指のあいだの毛も、きれいに取っておきます。

1 ミニ・クリッパーで、足先から指の付け根（握りの曲がる部分）まで逆剃りします。

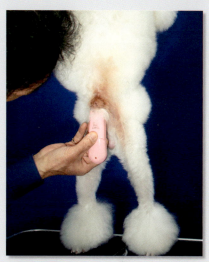

5 肛門周りを逆剃りし、テイルの裏側も④につなげるように逆剃りします。

4 テイルを刈ります。1ミリの刃を付けたクリッパーで、テイルの付け根から2㎝ほど逆剃りします。後で調整できるよう、この段階では高い位置まで毛を取りすぎないようにします。

3 腹部を刈ります。犬を後肢で立たせ、へそから下の鼠径部より内側を逆剃りします。

8 ⑦の作業をするときは、後肢の内側から左手を添え、腱のあいだに小指を当てて皮膚を伸ばしながら刈るとスムーズです。

7 後肢の外側を粗刈りします。後肢のブレスレットより上（飛節より1㎝ほど上の高さが目安）から、タック・アップより1㎝ほど上まで逆剃りします。

6 左手の指で皮膚を軽く伸ばしながら、お尻とそのくぼみを逆剃りします。

11 後肢の後ろ側を粗刈りします。肢の骨を中心に、左右から毛流に逆らうようにクリッパーを当てて刈ります。

10 膝より上は、左手の親指で皮膚を後ろ側へ引っ張りながら刈っていきます。

9 後肢の前側を粗刈りします。ブレスレットの上から膝まで逆剃りします。

14 この段階でクリッピングするのは、テイルの付け根より後ろと、タック・アップより下の部分です。

13 内股を刈ります。ミニ・クリッパーでていねいに毛を取ります。

12 皮膚が薄い膝の後ろは、クリッパーで傷つけないよう、とくに注意が必要です。

もっと詳しく！ **P64〜** 顔バリのポイント

 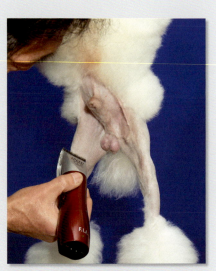

17 耳孔の前の毛をきれいに取り、ネック・ラインの頂点〜耳の後ろ側の付け根をU字形に結ぶように逆剃りします。

16 のどから下へ、マズルと等距離のポイントをネック・ラインの頂点とし、頂点〜下顎を真っ直ぐに逆剃りします。

15 後肢の内側〜内股を刈ります。後肢で立たせ、関節周りの皮膚がへこんでいる部分まで、ていねいに逆剃りします。

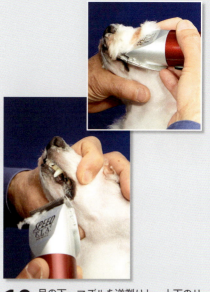

20 ストップ〜マズル上部を刈り、インデンテーションを入れます。

19 目の下〜マズルを逆剃りし、上下のリップ周りと下顎もきれいに刈ります。

18 イマジナリー・ラインを作ります。耳の前側付け根〜目尻に、犬が正しく立ったとき、テーブルに対して平行になるラインを入れます。

23 フット・ラインは前側からカット。まず毛先に近い側を大まかにカットしてから、クリッピング・ラインに沿って毛の根元からカットし直します。

22 カーブシザーで後肢のフット・ラインをカットします。テーブルのトリマーに近い端に犬を正しく立たせ、①〜②のクリッピング・ラインに沿ってカットします。ハサミは、テーブルに対して平行に当てます。

21 前肢を粗刈りします。ブレスレットの上から逆剃りし、刃が肘にぶつかる点より少し上（肘の膨らみの中間点）まで刈っておきます。

26 フット・ラインの前側の角度を決めます。側望し、前側のクリッピング・ラインから㉕のラインと直角に交わる角度で、ほど良い丸みを付けて切り上げます（カーブシザー）。

25 フット・ラインの後ろ側の角度を決めます。側望し、後側のフット・ラインからテーブルに対して45度以上の角度でほど良い丸みを付けて切り上げます（カーブシザー）。

24 ㉓から続けて、カーブシザーでフット・ラインをぐるりとカットします。

29 外側は、側望したときテーブルに対して前下がり（35〜40度）になるクリッピング・ラインを作るように逆剃りします。

28 リア・ブレスレットの上を刈っていきます。後ろ側は、飛節より1㎝ほど上から逆剃りします。

27 フット・ラインの外側・内側の角度を決めます。後望し、それぞれテーブルに対して45度、また上望しそれぞれ背骨に平行でほど良い丸みを付けて切り上げます（カーブシザー）。

肢の骨の中央

32 ㉘と㉛の面をつなげるように、内側を逆剃りします。リア・ブレスレット上側のクリッピング・ラインは、肢の前ではV字形、後ろでは逆U字形につなげます。

31 肢の骨の左右中央部でクリッパーの角度を反転させ、前側をさらに逆剃りします。

30 前側は、㉙の角度を保ったままクリッパーを横（犬の体の前方）へずらし、まず肢の骨の左右中央部まで毛を取ります。

35 フットラインの外側と内側の角度を決めます。前望し、テーブルに対してそれぞれ45度の角度、また背骨に平行でほど良い丸みを付けて切り上げます（カーブシザー）。

34 フット・ラインの前側と後ろ側の角度を決めます。前肢は後肢と異なりパスターンの曲がりがあるので、角度に微調整が必要。側望し、前肢はテーブルに対して30度、後ろ側は45度を目安にカーブシザーで細かく切り上げます。

33 カーブシザーで前肢のフット・ラインをカットします。①〜②のクリッピング・ラインに沿って、テーブルに対して平行にカットします。ハサミはテーブルに対して平行に当てます。

38 背骨の幅とテイルの幅のそれぞれ中央部を結ぶように、真っ直ぐなラインを入れます。

37 ロゼットのあいだにチャンネル（溝）を入れます。立毛し、テイルと頭が真っ直ぐになるように立たせて、テイルを床に対して平行に保持します。

36 カーブシザーで内側・外側のフット・ラインをカットする際は、仕上がりのブレスレットの幅を想定。丸みの付け方を調節します。

41 ㊴にハサミを入れ直し、幅5ミリ程度までラインを広げます。

40 ㊴のラインが体の中心に真っ直ぐ入っていることを、前から見て確認します。

39 ㊳に沿って、ハサミを左右それぞれに軽く傾けてカットします。

44 オーバーコート（過剰）の場合、カーブシザーで胸をカットします。まず、ネック・ラインにかぶさる毛をカットします。

43 テイル・セットから㊷へ、V字形の刈り込みを入れます。

42 ㊶のラインの両脇にできる角を取るようにカットします。

47 ロゼットをカットしていきます。ロゼットの毛を、真っ直ぐ後ろへ向けてコーミングします。

46 前胸をテーブルに対して垂直に粗刈りしておきます。

45 次に、ハサミを背骨に対して直角に当て、ネック・ラインに沿って前胸上部の毛をカット。さらにメイン・コートの外側の面との角を取っておきます。

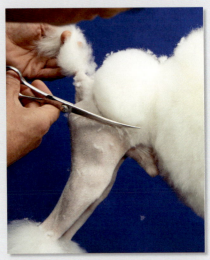

50 ㊽〜㊾から続けて、ロゼットの下側へつながる部分もカットします。

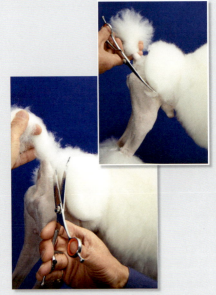

49 ㊽の上下に丸みを付けます。ロゼットの後ろ側は、最終的に半円形に仕上げることを想定して作業します（カーブシザー）。

48 側望し、テイルの付け根の位置でロゼットを真っ直ぐにカットします（カーブシザー）。

53 ロゼットの後ろ側を刈ります。㊽〜㊿のラインを目安に、逆剃りで余分な毛を取ります。

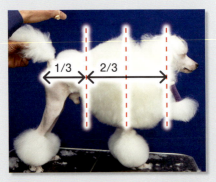

52 ロゼットの左右の幅は、パーティング・ラインの位置を含めて、メイン・コートとのバランスを見ながら考えます。メイン・コートは、体長の約2/3を覆うのが基本。ロゼットを大きく作るとすると、メイン・コートが小さくなってしまうことがあるので注意が必要です。

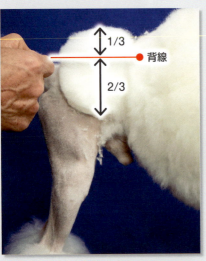

51 ロゼットは、高さの1/3が背線より上に出るのが基本。㊿は、仕上がりのサイズや位置を考えながらカットする必要があります。

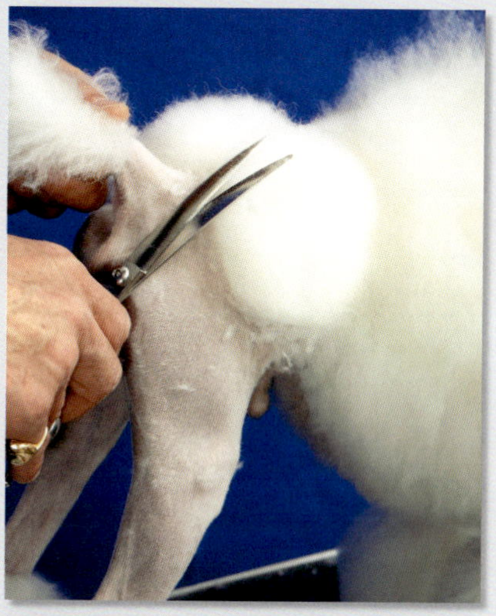

54 カーブシザーでロゼットの後ろ半分の角を取ります。サイズと位置も調整しながら、側望したとき半円形になるように整えます。

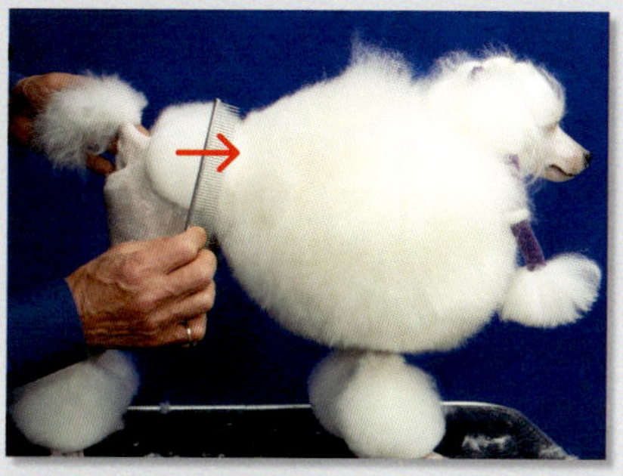

55 ロゼットの毛を、真っ直ぐ前へ向けてコーミングします。毛の根元までコームの歯を入れてとかし始めますが、毛先では毛を軽く戻す（ふかす）ようにします。

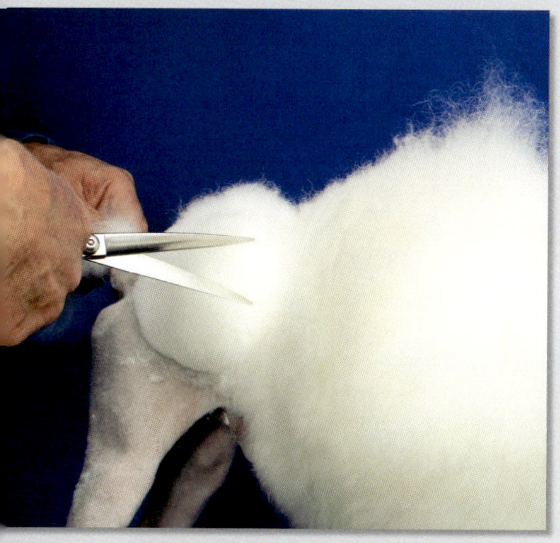

56 ロゼットの後ろ半分の丸みに合わせて、前半分にも同じサイズの半円を作るようにカット（カーブシザー）。ただし、ロゼットの前側は根元から切らず、毛先だけをカットするようにします。

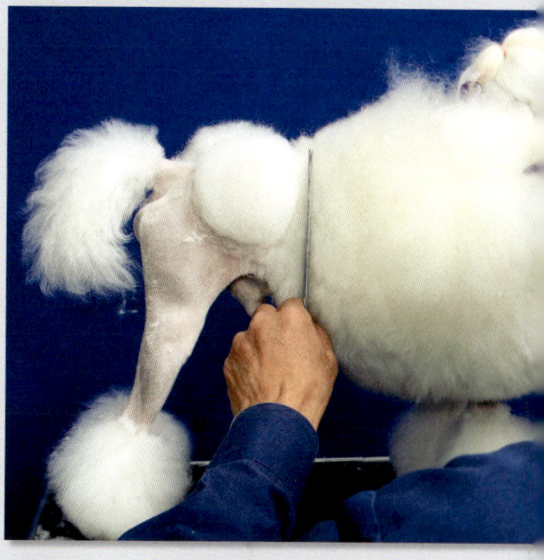

57 大まかにカットしたところで、パーティング・ラインの位置を含めて、ロゼットの前後のサイズや丸みが合っていることを確認します。

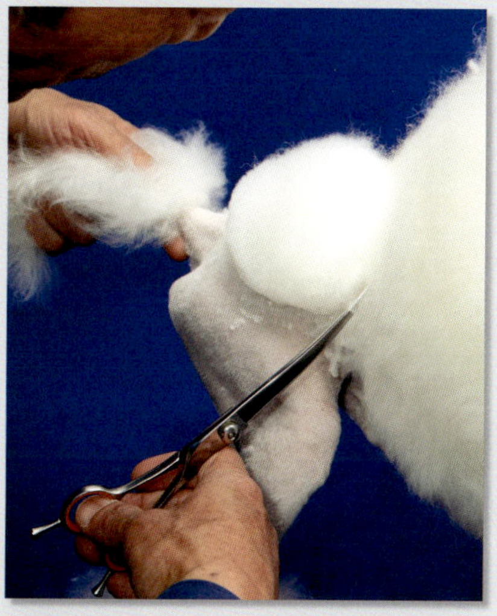

58 ロゼット前部の下側は、切りすぎないように注意。つねに刃先を使い、手の甲を犬の体の前方へ向けるつもりで、ハサミを大きく動かしてカットします（カーブシザー）。

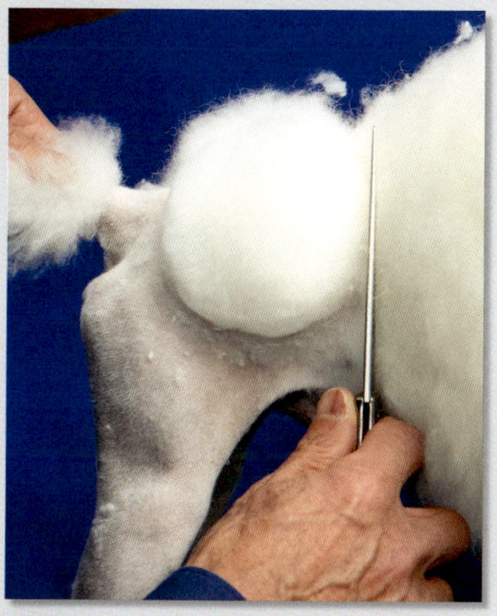

59 パーティング・ラインの位置を決めます。ロゼット前部にハサミを沿わせ、テーブルに対して垂直にカットします。

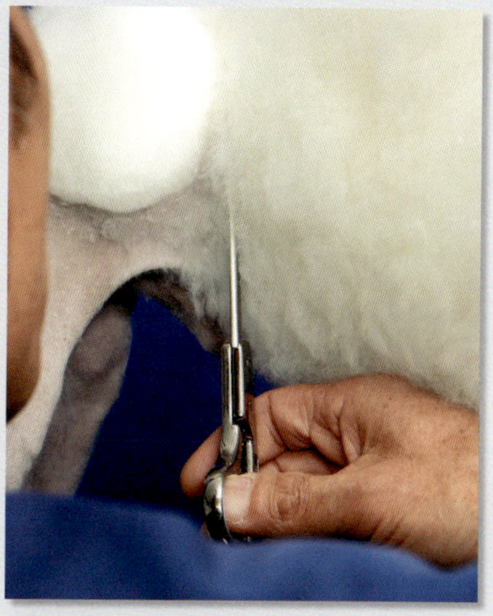

60 (59)より5ミリ前に、(59)と平行にハサミを入れます。

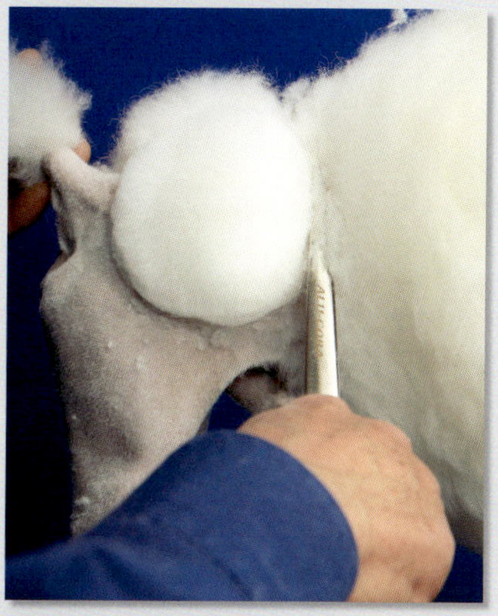

61 (59)と(60)のあいだの毛をカットします。

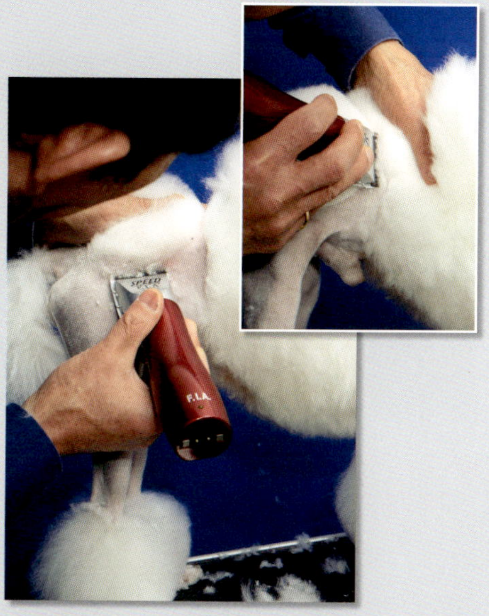

62 パーティング・ラインとロゼットの下側などの余分な毛をクリッピングします。

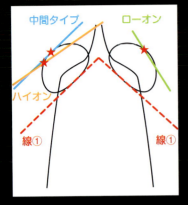

\ point /

ロゼットは、上1/3が背線より上部に出るのが基本。犬の体型に合わせて頂点（★）の位置を微調整するため、㉞では下のようなイメージでハサミの角度を変えます。

中間タイプ
後望し、線①に対して平行にカット。

ローオンの場合
線①の上へ向けてハサミの角度を大きく。

ハイオンの場合
線①の上へ向けてハサミの角度を小さく。

64 ロゼットの毛を起こすようにコーミングし、ロゼットのトップをカットします。

63 メイン・コートをコーミングし、パーティング・ラインにかぶさる毛をカットします。

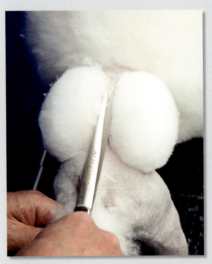

66 上望し、㊳〜㊷で入れたチャンネルにハサミを入れ直します。

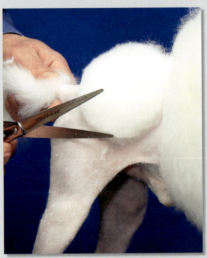

65 ㉞でカットした面の角を取ります。

68 ㊻でカットした部分をクリッピングします。チャンネルの真っ直ぐな部分の幅は、最大でテイルの幅。ハイオンなら少し広めでもかまいませんが、ローオンは幅を広くしすぎないようにします。

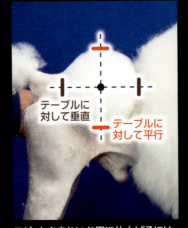

\ point /

ロゼットをきれいな円に仕上げるには、中心から十字の直線を想定し、ロゼットとの接点を確認します

67 ロゼットの丸みに合わせて、㊻の前後に角度を付けていきます。

71 ㉙、㉜のクリッピング・ラインにハサミを入れ直します。ハサミは、上望して背骨に対して平行に当てます。

70 リア・ブレスレットをカットします。ブレスレットの上半分の毛を起こすようにコーミングし、軽く肢を振って毛を落ち着かせます。

69 ロゼットの周囲の不要な毛もきれいに取ります。

74 ㉕で切り上げた後ろ側のフット・ラインと㉝の角を、テーブルに対して垂直にカットします。

73 ブレスレットの後ろ側をカットします。立毛し、㉖で切り上げた前側のフット・ラインに対して平行にカットします。

72 ブレスレットの内側、外側の面を、背骨に対して平行に整えます。

> もっと詳しく！
> **P122〜** フロント・ブレスレットのポイント

77 前肢のブレスレットは、リア・ブレスレットの後ろ側と同じ高さに設定し、ブレス・ラインより上を逆剃りします。

76 ㉙〜㉜で角度を決めたブレスレット上側の角を、テーブルに対して垂直にカットします。

75 ㉝の上側の角をテーブルに対して平行にカットします。

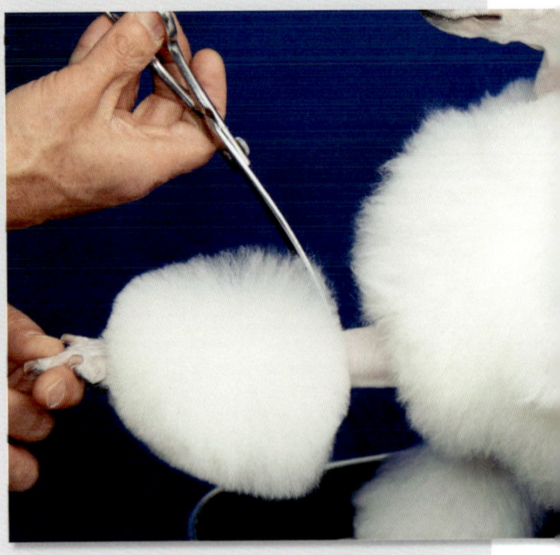

78 ブレスレットの上半分の毛を起こします。外側・内側・前側・後ろ側の面をそれぞれテーブルに対して45度の角度で、ほど良い丸みを付けて切り下げます（カーブシザー）。

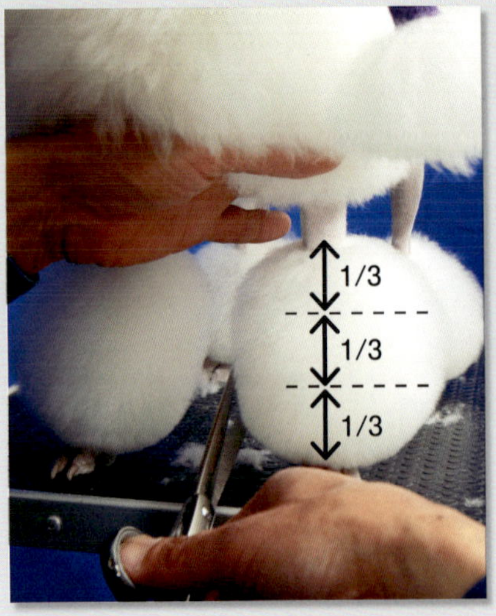

79 ㉞～㉟で切り上げてあるフット・ラインと(78)の角を、テーブルに対して垂直にカット。切り下げた面、垂直な面、切り上げた面が、それぞれブレスレットの高さの1/3になるようにします。

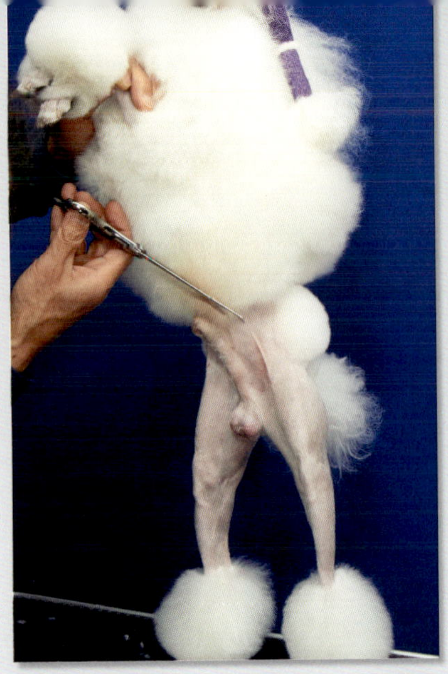

80 腹部をカットします。犬を後肢で立たせ、腹部のクリッピング・ラインに沿って不要な毛をカットします。

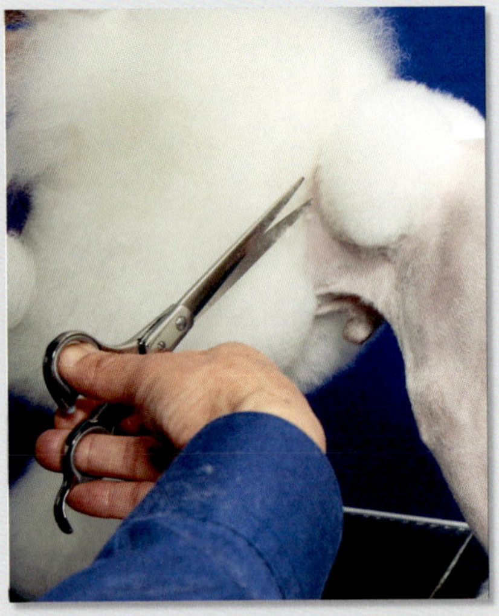

81 メイン・コートをカットします。パーティング・ラインにかぶさる毛をカットします。ハサミは、テーブルに対して垂直に当てます。

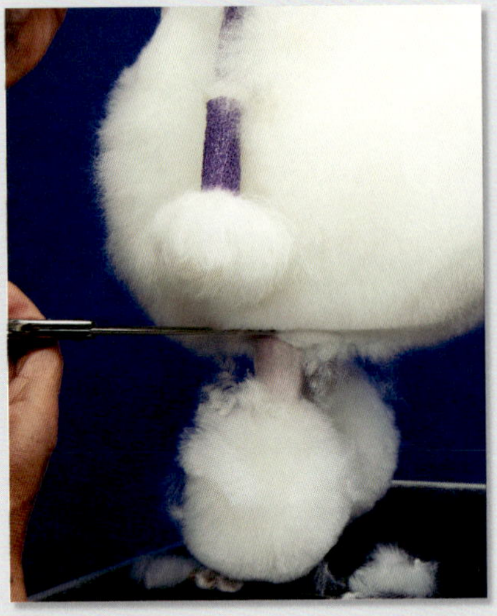

82 肘より前のメイン・コートの下側を、肘より少し低い位置でカットします。ハサミは、テーブルに対して平行に当てます。

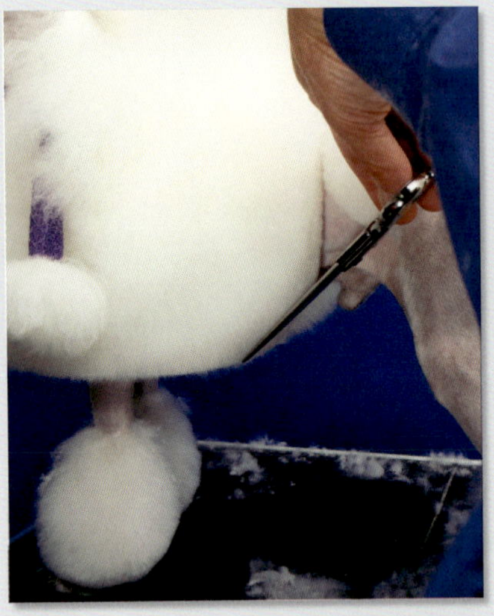

83 肘より後ろは、パーティング・ラインへつなげるようにカットします。

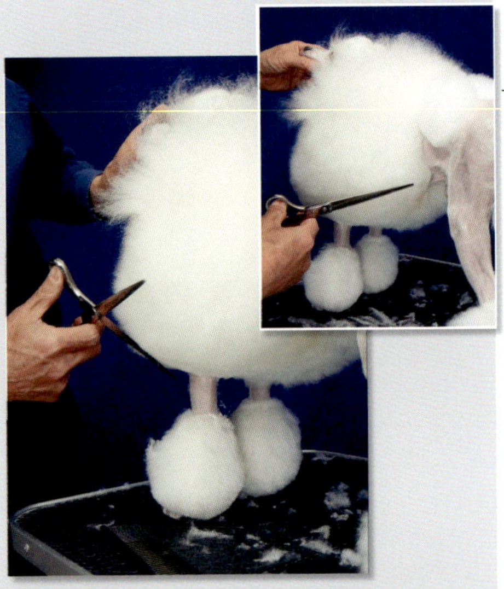

84 前望して、(82)～(83)から、それぞれメイン・コートを切り上げていきます。タックアップの高さあたりで仕上がりの体の幅を想定しておき、その幅に合わせて丸みを付けながら、ハサミがテーブルに対して垂直になるまで切り上げます。

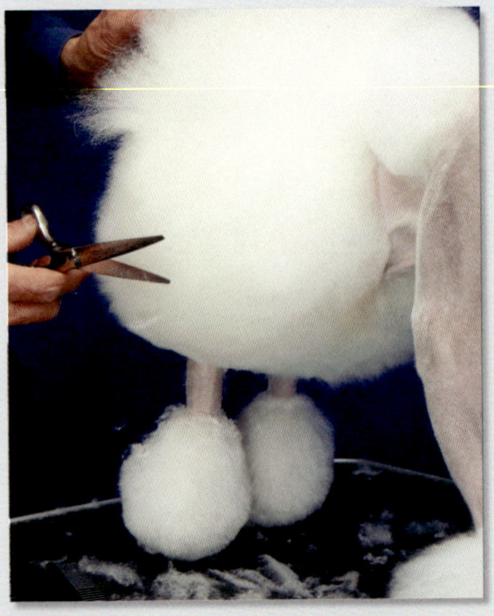

85 メイン・コートのサイドを整えます。前望し、座骨端の高さまでを目安に、テーブルに対して垂直な面を作るようにカットします。

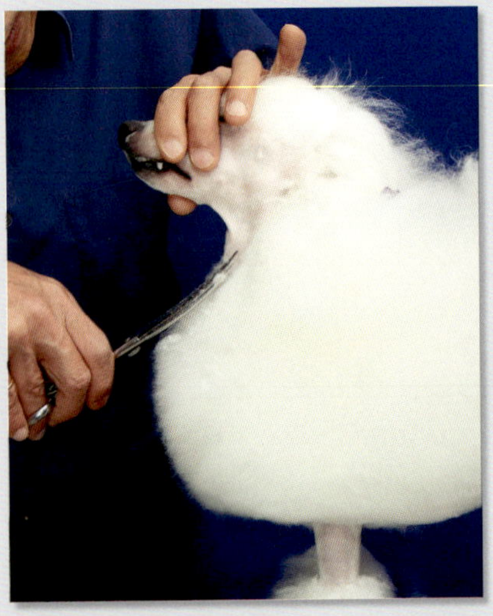

86 胸をカットします。ハサミを背骨に対して直角に当て、ネック・ラインに沿って前胸の毛をカット。さらにメイン・コートの外側の面との角を取っておきます（カーブシザー）。

89 カーブシザーでテイルをカットします。毛をねじって毛先をカットし、ポンポンを丸く整えます。

88 ⑫と㊼の角を取ります。㊽に合わせて切り上げ、タック・アップの高さでテーブルに対して垂直な面につながるようにします。

87 前胸をテーブルに対して垂直にカットし、メイン・コートの外側の面との角を取っておきます。㊻とのあいだにできる角は、座骨端と同じ高さで取ります。

もっと詳しく！ **P124〜** セットアップのポイント

92 肩のあたりの、座骨端から背線の高さのメイン・コートを、少しだけ角度を付けて切り下げます。メイン・コート全体の高さや厚みも整えます。

91 スプレーとコーミングを繰り返し、メイン・コートをしっかり立ち上げます。

90 セットアップをします。耳の前側付け根より前の毛を2〜3つにブロッキングしていちばん前をツーノットにし、スウェルの膨らみを作ります。

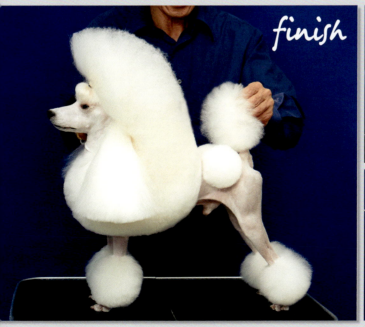

finish

93 耳のラッピングを外してブラッシングし、長さのバランスを見ながら毛先をカットします。

イングリッシュ・サドル・クリップ

Show Clip 2

ショー・クリップのなかでも最も長い歴史を持つのがこのスタイル。
サドルと4つのブレスレットで覆われた後躯が、高貴でゴージャスな印象を与えます。

English Saddle Clip

足バリのポイント P70〜

before

前回のトリミングから約1.5カ月。セカンド・パピー・クリップからのクリップ・チェンジ。

2 後ろ側も、①と同じ高さまで逆剃りします。パッドのあいだや指のあいだの毛も、きれいに取っておきます。

1 ミニ・クリッパーで、足先から指の付け根（握りの曲がる部分）まで逆剃りします。

5 テイル・セットに、V字形の刈り込みを入れます。V字の開いた側は、テイルの幅に合わせます。

4 テイルを刈ります。1ミリの刃を付けたクリッパーで、テイルの付け根から1〜2cmほど逆剃りします。後で調整できるよう、この段階では高い位置まで毛を取りすぎないようにします。

3 腹部を刈ります。犬を後肢で立たせ、へそから下の鼠径部より内側を逆剃りします。

顔バリのポイント P64〜

8 耳孔の前の毛をきれいに取り、ネック・ラインの頂点〜耳の後ろ付け根をU字形に結ぶように逆剃りします。

7 のどから下へ、マズルと等距離のポイントをネック・ラインの頂点とし、頂点〜下顎を真っ直ぐに逆剃りします。

6 テイルのサイドをテーブルに対して30度の角度を付けて逆剃りし、その刈り終わりのポイントを肛門の下でV字形につなげるように、肛門周りも毛を取ります。

11 ストップ〜マズル上部を刈り、インデンテーションを入れます。

10 目の下〜マズルを逆剃りし、上下のリップ周りと下顎もきれいに刈ります。

9 イマジナリー・ラインを作ります。耳の前付け根〜目尻に、犬が正しく立ったとき、テーブルに対して平行になるラインを入れます。

\ point /

正しいフット・ライン
45度

ハサミの刃先は後ろ側のクリッピング・ラインに確実に当ててカットしましょう。写真のように刃先の位置がずれると、フット・ライン全体が乱れる原因になるので注意

13 フット・ラインの後ろ側の角度を決めます。側望し、後側のフット・ラインからテーブルに対して45度以上の角度で、ほど良い丸みを付けて切り上げます（カーブシザー）。

12 後肢のフット・ラインをカットします。テーブルのトリマーに近い端に犬を正しく立たせ、①〜②のクリッピング・ラインに沿ってカット。ハサミは、テーブルに対して平行に当てます（カーブシザー）。

16 ⑬〜⑮でカットしたフット・ラインの角を取るように、カーブシザーでカットします。

15 フット・ラインの外側・内側の角度を決めます。後望し、それぞれテーブルに対して45度、また上望しそれぞれ背骨に平行でほど良い丸みを付けて切り上げます（カーブシザー）。

14 フット・ラインの前側の角度を決めます。側望し、⑬のラインと直角に交わる角度で、ほど良い丸みを付けて切り上げます（カーブシザー）。

point

後ろ側と前側で切り上げる角度を少し変える必要があります。パスターンの角度を意識しましょう

18 フット・ラインの前側と後ろ側の角度を決めます。前肢は後肢と異なりパスターンの曲がりがあるので、角度に微調整が必要。側望し、前側はテーブルに対して30度、後ろ側は45度を目安にカーブシザーで細かく切り上げます。

17 カーブシザーで前肢のフット・ラインをカットします。テーブルのトリマーに近い端に犬を正しく立たせ、①〜②のクリッピング・ラインに沿ってカット。ハサミは、テーブルに対して平行に当てます。

21 ⑤のクリッピング・ラインにハサミを入れ直します。

20 内側・外側のフット・ラインをカットする際は、仕上がりのブレスレットの幅を想定して、丸みの付け方を調節します（カーブシザー）。

19 フット・ラインの外側・内側の角度を決めます。前望し、テーブルに対してそれぞれ45度の角度、また背骨に平行でほど良い丸みを付けて切り上げます（カーブシザー）。

22 パック（サドル）をカットしていきます。後躯を立毛し、テイルを下げた状態で、背線をテーブルに対して平行にカットします。

point

ブレスレットの下側のラインとなる四肢の足留めはていねいに。このラインが決まっていないと、バランスの良いブレスレット作成に時間がかかります

フット・ラインより上でブレスレットを作る

フット・ライン（周辺の被毛）が下がると、"裾広がり"のブレスレットになってしまいます。

25 テイルを上げ、後肢アンギュレーションの始まるポイントからテイル・サイドの切り終わりにぶつかるところまで、テーブルに対して垂直にカットします。

24 ⑥で入れたテイル・サイドのクリッピング・ラインにハサミを入れ直し、周囲から肛門にかかる毛もカットします。

23 テイルを上げ、テイルの前で盛り上がる毛をカットします。

28 側望し、前胸をテーブルに対して垂直にカットします。

27 胸を粗刈りします。立毛し、ネック・ラインより内側にはみ出す毛だけをカットします。

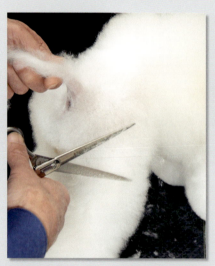

26 大腿部〜後肢の外側をカットします。背線に対して平行にハサミを当て、真っ直ぐな面を作るように、膝の少し上の高さまでカットします。

31 ㉚のシザー・バンドを、後肢の後ろ側まで延長します。

30 ㉙で決めた位置に、テーブルに対して平行なラインを浅く入れます。いったんバランスを確認してから、ラインがはっきりと出るように、毛の根元までカットし直します。

29 バックとアッパー・ブレスレットのあいだにシザー・バンドの位置を決めます。ラインの高さは、後肢アンギュレーションの始まるポイントを目安にします。

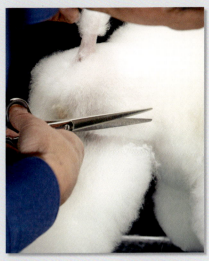

34 ㉚のシザー・バンドを、後肢の前側まで延長します。

33 ㉚～㉛のシザー・バンドとパックの角を取るようにカットします。

32 ㉖と⑥でカットしたテイルのサイドと、さらに㉕と㉖の角を取るようにカットします。

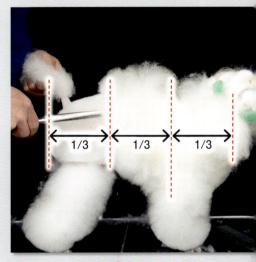

37 キドニー・パッチ（サドルのウエスト部分に作る彫り込み）の位置を決めます。㉒～㉚で作ったパックの高さの中央を目安に、ハサミで浅めに粗刈りします。

36 ㉟で決めた位置に、ハサミの刃先を使って真っ直ぐなパーティング・ラインを浅く入れます。

35 体長の1/3を目安にパーティング・ラインの位置を決め、テーブルに対して垂直に後躯のサイドをカットします。

40 次に、クリッパーの下の角を曲線に沿わせ、上から下へ刈ります。

39 ミニ・クリッパーで、キドニー・パッチを刈ります。まずクリッパーの上側の角を曲線に沿わせ、下から上へ刈ります。

38 キドニー・パッチの後ろ側のラインを、カーブシザーで整えます。

43 キドニー・パッチの曲線を、カーブシザーできれいに整えます。

42 キドニー・パッチの上下のパーティング・ラインの深さを調節し、㊶とのつながりを自然に整えます。

41 キドニー・パッチと接する部分だけ、皮膚ぎりぎりの長さまでパーティング・ラインにハサミを入れ直します。

46 側望して、㊺に続けて後肢前側をテーブルに対して平行にカットします。

45 後肢の外側に、アッパー・ブレスレットとボトム・ブレスレットのあいだにシザー・バンドを入れます。飛節より2cmほど上から、テーブルに対して35～40度の角度でライン付けします。

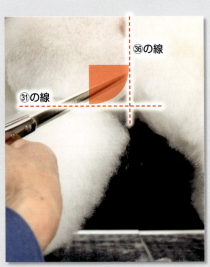

44 ㉛と㊱の交点にできる角を取り、シザー・バンドからパーティング・ラインへ、四分円を描くようにつなげます。さらに、外側の面との角も取っておきます。

49 アッパー・ブレスレットの外側は、下に向かってやや広がって見えるように整えます。

48 後肢に入れた2本のシザー・バンドのあいだを自然な曲線でつなぐように、アッパー・ブレスレットの後ろ側の角を取ります。

47 ㊺～㊻のシザー・バンドを、後肢の内側まで延長します。

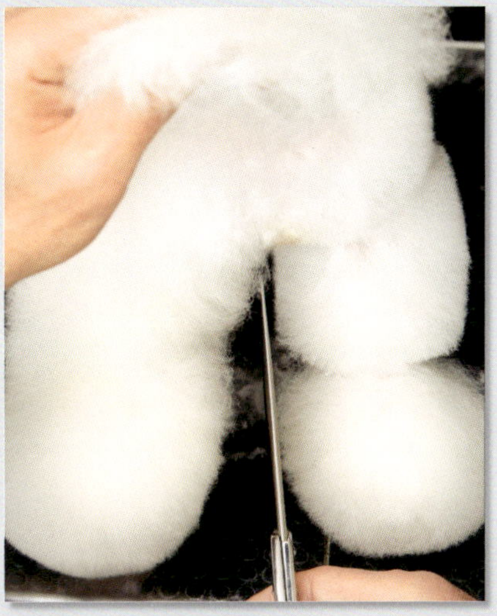

50 アッパー・ブレスレットの内側は、㊾に対して平行な面を作るように整えます。

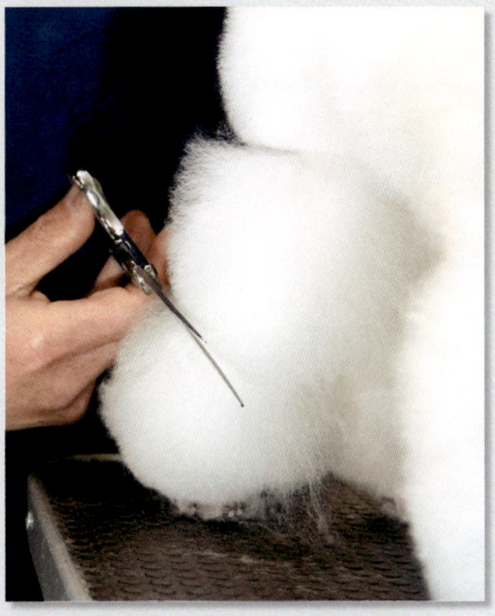

51 下側のシザーバンドとアッパー・ブレスレットの角を取るようにカット。肢より前（毛だけの部分）も、同様に角を取ります。

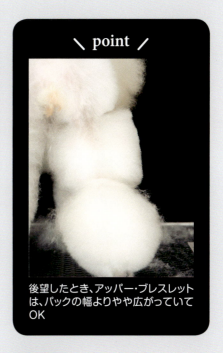

＼ point ／

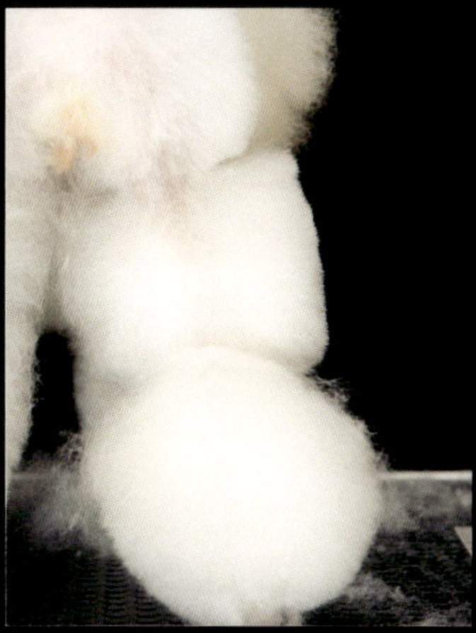

後望したとき、アッパー・ブレスレットは、パックの幅よりやや広がっていてOK

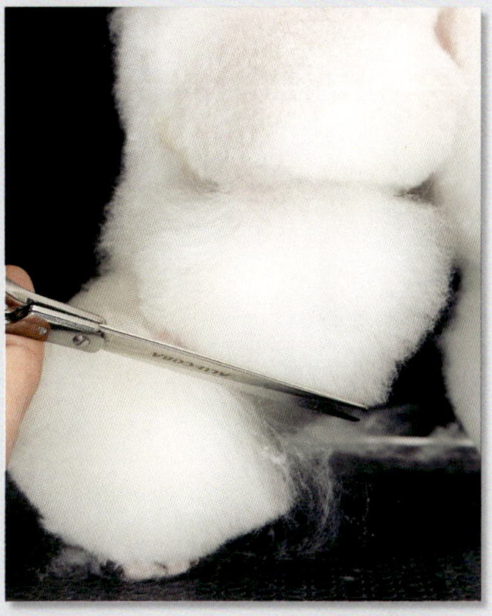

52 側望し、㊺と㊻の交点にできる角を取ります。

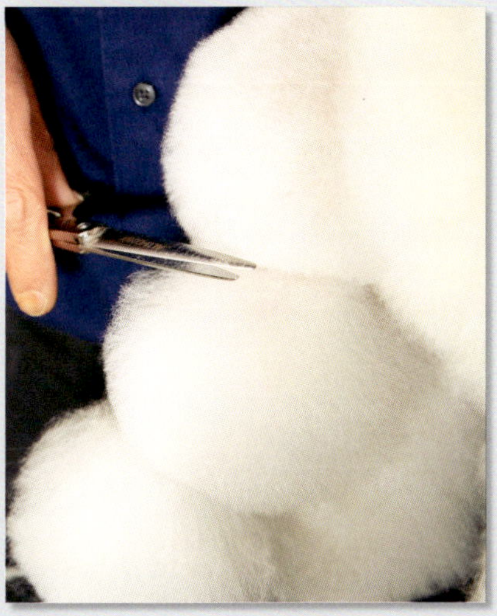

53 上側のシザー・バンドとアッパー・ブレスレットの角を取るようにカットします。

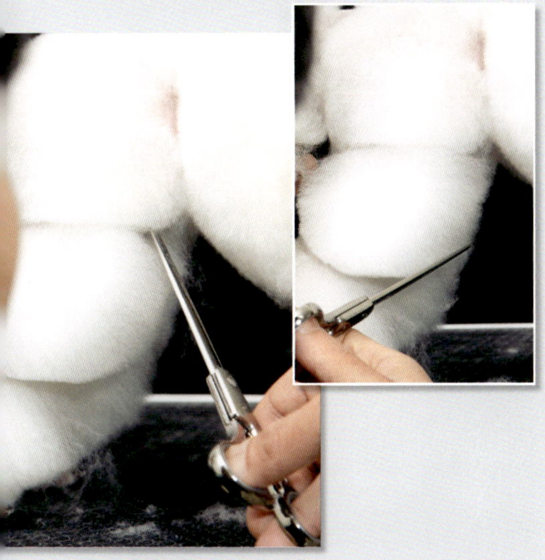

54 (51)から続けて、アッパー・ブレスレットの前側をカットします。膝より上はハサミをやや立てて当て、上側のシザー・バンドとの角も取ります。

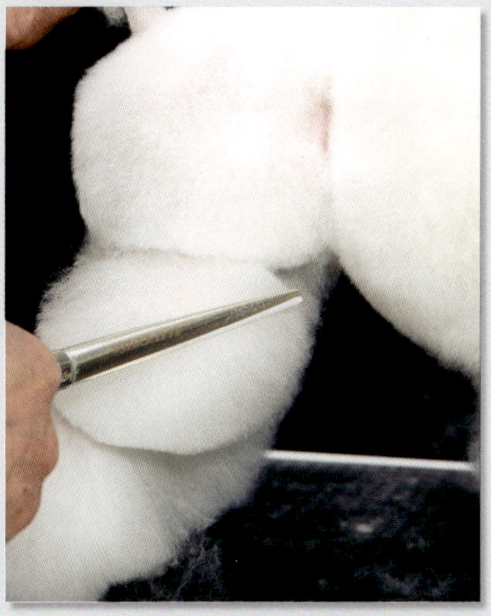

55 (54)と外側、内側の面との角を取ります。

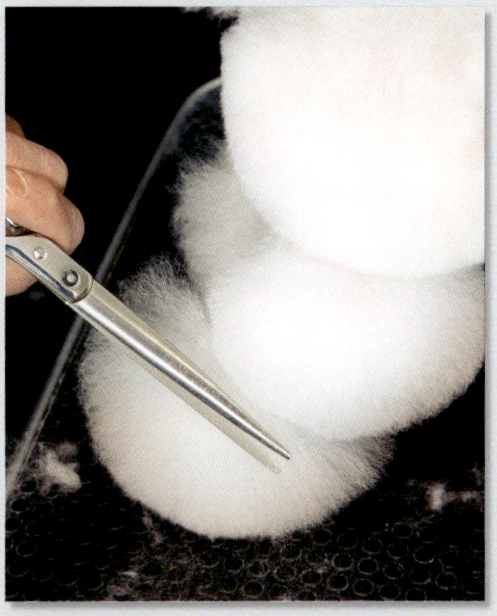

56 後望し、ボトム・ブレスレットの外側をアッパー・ブレスレットの幅にそろえてカット。内側は、外側に対して平行な面を作るように整えます。

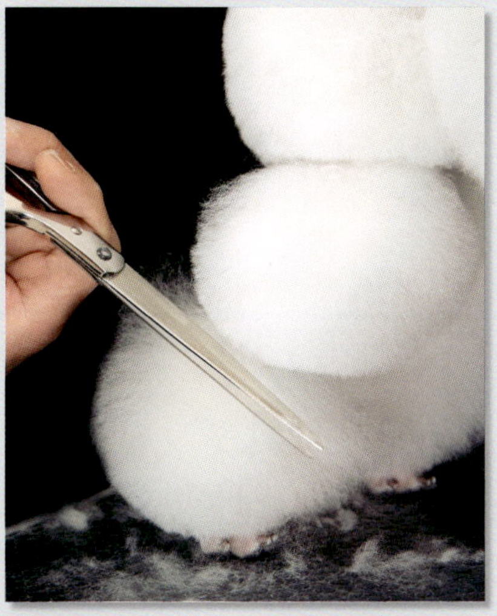

57 下側のシザー・バンドとボトム・ブレスレットの角を取るようにカットします。

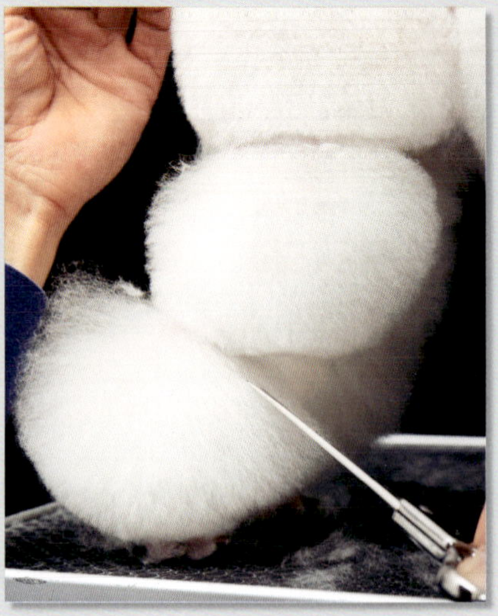

58 ボトム・ブレスレットは、毛先までテーブルに対して35〜40度をキープします。

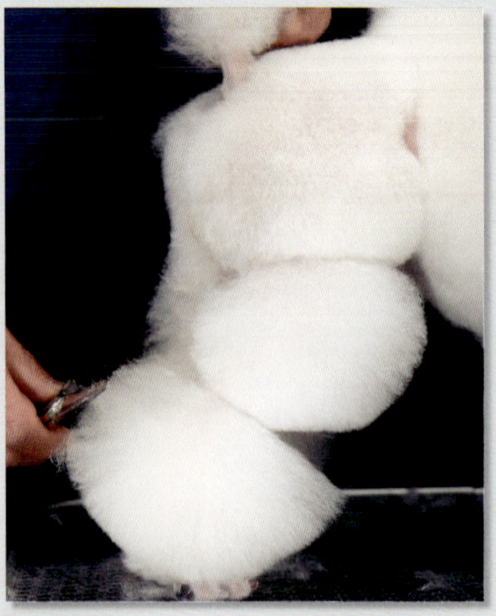

59 ボトム・ブレスレットの後ろ側をカットします。⑭で決めた前側のフット・ラインに対して平行にカットします。

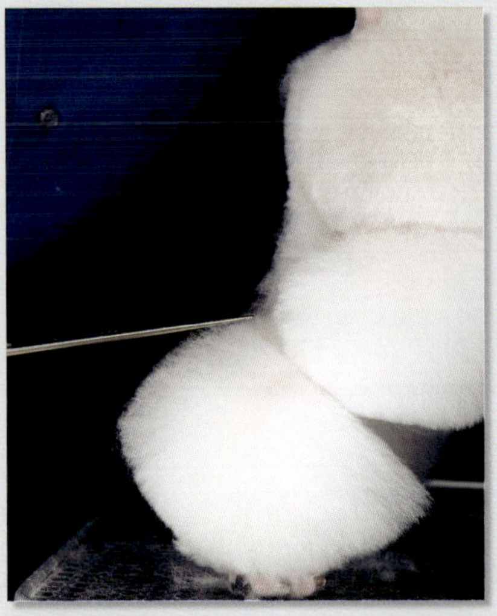

60 側望し、下側のシザー・バンドと(59)の角を、テーブルに対して平行にカットします。

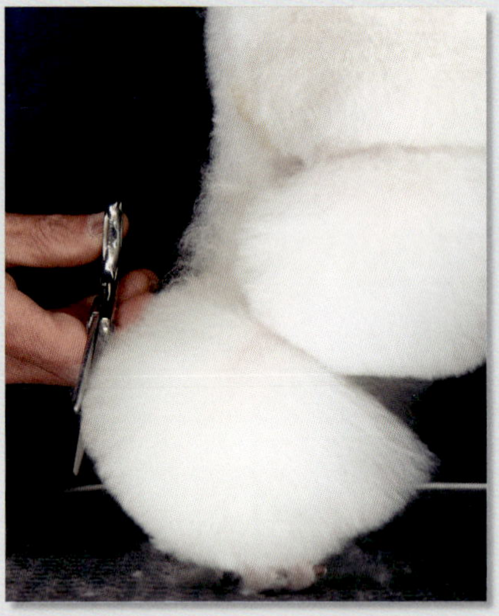

61 側望し⑬で決めた後ろ側のフット・ラインと(59)の角を、テーブルに対して垂直、上望し背骨に対して直角にカットします。

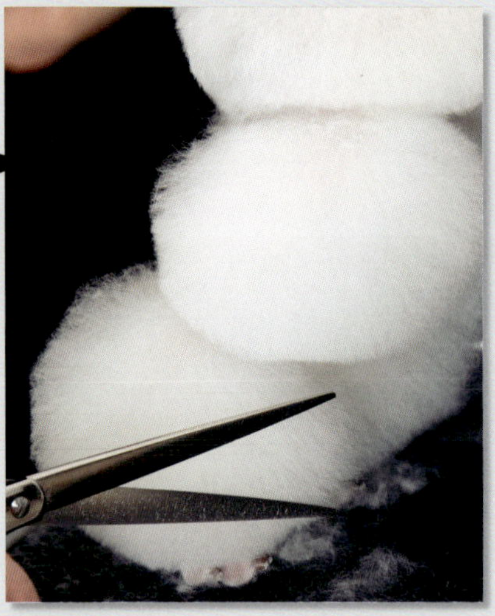

62 ⑭で決めたフット・ラインと、ボトム・ブレスレットの上側のラインの角を、テーブルに対して垂直にカットします。

＼ point ／

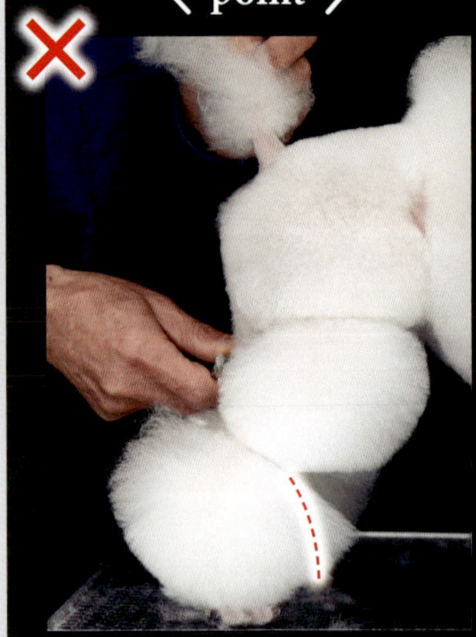

肢が終わったところから角を取らないように注意します

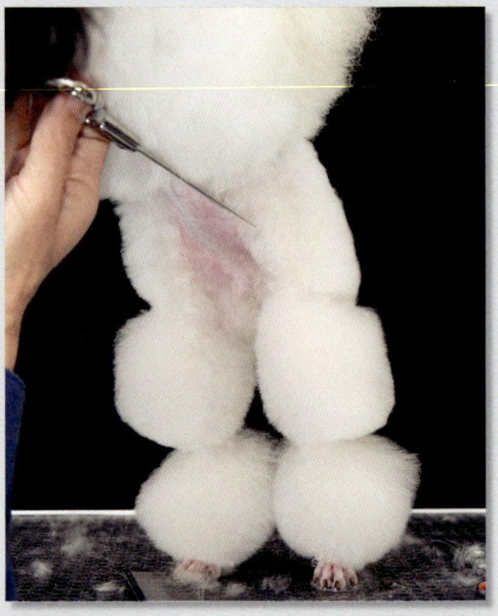

63 腹部をカットします。犬を後肢で立たせてコーミングし、③のクリッピング・ラインにハサミを入れ直します。

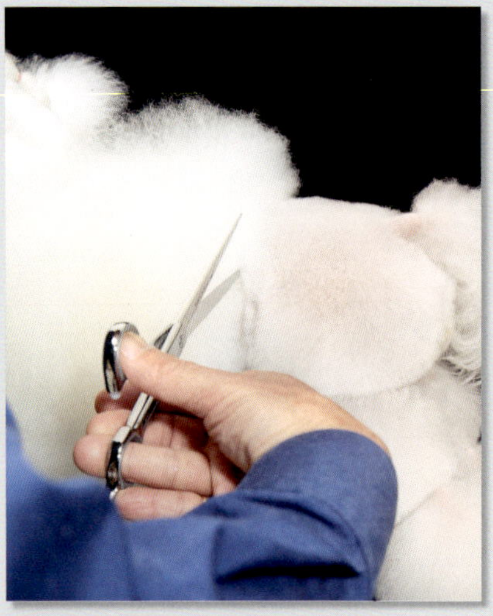

64 ㊱で入れたパーティング・ラインにハサミを入れ直し、メイン・コートの後ろ側を留めます。

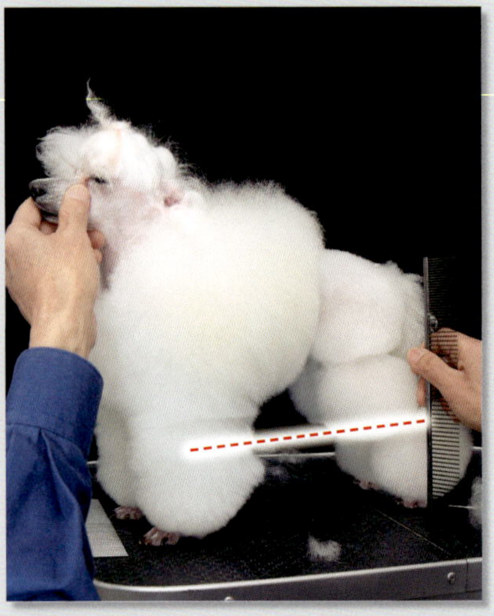

65 前肢のブレスレットの高さを決めます。後肢の下側のシザー・バンドと、後肢の後ろ側の交点を高さの目安にします。

68 前肢の外側、前側を刈ります。㊻と同じ高さまで逆剃りします。

67 前肢の後ろ側をクリッピングします。1ミリの刃を付けたクリッパーで、㊻の高さから逆剃りします。刃が肘にぶつかる点より少し上まで刈ります。

66 ㊻で決めた位置よりやや上に、浅くライン付けします。まず高めの位置に入れておくことで、後からの修正が可能になります。

71 ㊼と高さをそろえて、前肢の周りを、テーブルに対して平行にぐるりとカットします。

70 前躯のメイン・コートの下側を、㊻〜㊸より少し低い位置でカットします。

69 この段階では、前肢のクリッピングの上側のラインをそろえることを意識します。ブレス・ラインは、きれいにそろっていなくてかまいません。

74 メイン・コートをコーミングし、全体の毛を均等に起こします。

73 メイン・コートのアンダーラインをカットします。㊼と㊹のあいだをつなげていきます。

72 左右の前肢のあいだも、㊼と同様にカットします。

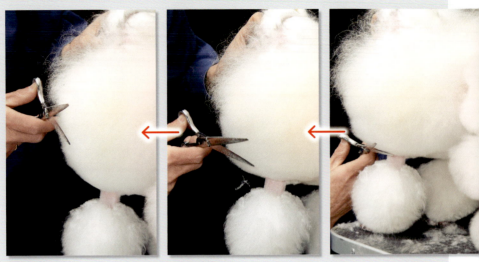

76 中躯のメイン・コートも、⑦と同様に切り上げます。

75 前望し、㉛からメイン・コートを切り上げていきます。タック・アップの高さあたりで仕上がりの体の幅を想定しておき、その幅に合わせて丸みを付けながら、ハサミがテーブルに対して垂直になるまで切り上げます。

79 胸をカットします。ハサミを背骨に対して直角に当て、ネック・ラインに沿って前胸の毛をカット。さらにメイン・コートの外側の面との角を取っておきます（カーブシザー）。

78 メイン・コートのサイドを整えます。前望し、座骨端の高さまでを目安に、テーブルに対して垂直な面を作るようにカットします。

77 ㊹につながる部分は、それぞれの角度に合わせてハサミを当て、㉛と同様に切り上げます。

もっと詳しく！
P122〜 フロント・ブレスレットの手順とポイント

座骨端

82 前肢のブレスレットは、後肢のボトム・ブレスレットの後ろ側と同じ高さに設定し、ブレス・ラインより上を逆剃りします。

81 ⑳と⑦〜⑫の角を取ります。㉛〜⑦に合わせて切り上げ、タック・アップの高さでテーブルに対して垂直な面につながるようにします。

80 前胸をテーブルに対して垂直にカットし、メイン・コートの外側の面との角を取っておきます。⑲とのあいだの角は、座骨端と同じ高さで取ります（カーブシザー）。

Show Clip

85 カーブシザーでテイルをカットします。毛をねじって毛先をカットし、ポンポンを丸く整えます。

84 ⑱～⑲で切り上げてあるフット・ラインと㉘の角を、テーブルに対して垂直にカット。切り下げた面、垂直な面、切り上げた面が、それぞれブレスレットの高さの1/3になるようにします。

83 ブレスレットの上半分の毛を起こします。外側・内側・前側・後ろ側の面を、それぞれテーブルに対して45度の角度で、カーブシザーでほど良い丸みを付けて切り下げます。

もっと\詳しく！/
P124〜 セットアップの手順とポイント

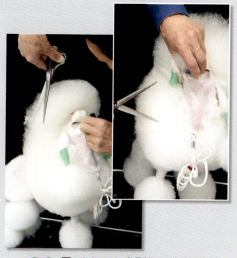

88 肩のあたりの、座骨端から背線の高さのメイン・コート（サイド）を、少しだけ角度を付けてカットし、さらにメイン・コート全体の高さや厚みも整えます。

87 スプレーとコーミングを繰り返し、メイン・コートをしっかり立ち上げます。

86 セットアップをします。耳の前側付け根より前の毛を2〜3つにブロッキングしていちばん前をツーノットにし、スウェルの膨らみを作ります。

finish

89 耳のラッピングを外してブラッシングし、テーブル〜背線の中間部を目安に毛先をカットします。

セカンド・パピー・クリップ

Show Clip 3

パピー・クリップをよりゴージャスに、そして前躯と後躯のあいだにパーティング・ラインを入れたスタイル。
四肢やボディの仕上げ方が、ほかのショー・クリップと大きく異なるところです。

second puppy clip

もっと
詳しく！
P70〜 足バリのポイント

before

前回のトリミングから約2カ月。

2 後ろ側も、①と同じ高さまで逆剃りします。パッドのあいだや指のあいだの毛もきれいに取っておきます。

1 ミニ・クリッパーで足先から指の付け根（握りの曲がる部分）まで逆剃りします。

5 テイル・セットにV字形の刈り込みを入れます。V字の開いた側は、テイルの幅に合わせます。

4 テイルを刈ります。1ミリ刃でテイルの付け根から1.5cmほど逆剃り。後で調整できるよう、この段階では高い位置まで毛を取りすぎないようにします。

3 腹部を刈ります。犬を後肢で立たせ、へそから下の鼠径部より内側を逆剃りします。

もっと
詳しく！
P64〜 顔バリのポイント

8 のどから下へ、マズルと等距離のポイントをネック・ラインの頂点とし、頂点〜下顎を真っ直ぐに逆剃りします。

7 後望し、左右の⑥の刈り終わりのポイントが肛門の下でつながり、V字形に見えるように刈ります。

6 ⑤のクリッピング・ラインから続けて、テイルのサイドをテーブルに対して30度の角度を付けて逆剃りします。

11 目の下〜マズルを逆剃りし、上下のリップ周りと下顎もきれいに刈ります。

10 イマジナリー・ラインを作ります。耳の前付け根〜目尻に、犬が正しく立ったときにテーブルに対して平行になるラインを入れます。

9 耳孔の前の毛をきれいに取り、ネック・ラインの頂点〜耳の後ろ付け根をU字形に結ぶように逆剃りします。

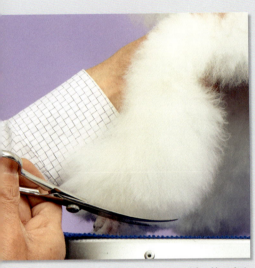

14 テーブルのトリマーに近い端に犬を正しく立たせ、①〜②のクリッピング・ラインに沿ってカットします。ハサミはテーブルに対して平行に当てます（カーブシザー）。

13 後肢のフット・ラインをカットします。後肢を持ち上げ、中足骨に対して平行にコーミングします。

12 ストップ〜マズル上部を刈り、インデンテーションを入れます。

17 フット・ラインの前側の角度を決めます。側望し、⑯のラインと直角に交わる角度で、ほど良い丸みを付けて切り上げます（カーブシザー）。

16 フット・ラインの後ろ側の角度を決めます。側望し、後側のフット・ラインからテーブルに対して45度の角度で、ほど良い丸みを付けて切り上げます（カーブシザー）。

15 フット・ラインの高さは、前側が指骨関節に軽くかぶさるくらいを目安にします（カーブシザー）。

20 コーミングとカットを繰り返し、後肢の足周りを整えます。フット・ラインは、後望するとお椀形、側望すると前後のラインの延長線が作る角度が90度になります。

19 ⑯〜⑱でカットしたフット・ラインの角を取るようにカットします（カーブシザー）。

18 フット・ラインの外側と内側の角度を決めます。後望し、それぞれテーブルに対して45度、また上望しそれぞれ背骨に平行でほど良い丸みを付けて切り上げます（カーブシザー）。

23 フット・ラインの前側と後ろ側の角度を決めます。パスターンの曲がりがあるので、角度に微調整が必要。側望し、前側はテーブルに対して30度、後ろ側は45度を目安にカーブシザーで細かく切り上げます。

22 テーブルのトリマーに近い端に犬を正しく立たせ、①〜②のクリッピング・ラインに沿ってカットします。カーブシザーは、テーブルに対して平行に当てます。

21 前肢のフット・ラインをカットします。足先までコームを入れられるよう、肘を後ろから前へ押すようにし、足先を伸ばさせた状態で前肢を持ち上げてコーミングします。

\ point /

後ろ側と前側で切り上げる角度を少し変える必要があります。パスターンの角度を意識しましょう

25 外側・内側のフット・ラインをカットする際は、仕上がりの肢の太さを想定し、カーブシザーで丸みを調節しましょう。

24 フット・ラインの外側・内側の角度を決めます。前望し、テーブルに対してそれぞれ45度の角度、また背骨に平行でほど良い丸みを付けて切り上げます（カーブシザー）。

28 後躯をカットします。後躯の毛を後ろへ向けてコーミングし、⑤のクリッピング・ラインにハサミを入れ直します。

27 胸をカットします。胸を立毛し、⑨のクリッピング・ラインより内側にはみ出す毛だけをカットします。

26 腹部をカットします。犬を後肢で立たせてコーミングし、③のクリッピング・ラインにハサミを入れ直します。

31 テイルのサイドをコーミングし、⑥のクリッピング・ラインにハサミを入れ直します。

30 テイルを上げ、テイルの前で盛り上がる毛をカットします。

29 後躯を立毛し、背線をカットします。テイルを下げ、メイン・コートへ向けてほぼテーブルに平行な角度でカットします。

33 内股をカットします。片方の後肢を持ち上げ、陰部の横から2〜3cm、平らな面を作るようにカットします。

32 テイルを上げ、後肢アンギュレーションの始まるポイントからテイル・サイドの切り終わりにぶつかるところまで、テーブルに対して垂直にカットします。

36 肢の下のほうの毛は下に落ちやすいため、後肢の外側（大腿部付近）は、軽くえぐるようなつもりでカットすると仕上がりが平らに見えます。

35 後望したとき、大腿部から足先へ、テーブルから立ち上げた垂線に対して10度程度の角度で広がる平らな面を作るようにカットします。

34 大腿部〜後肢の外側をカットします。後躯の幅は体高の40％を目安にし、背骨に対して平行にハサミを当てます。

⑯でカットしたフット・ライン

39 後肢の後ろ側（スロープライン）をカットします。ハサミを入れ始める角度は、⑯でカットしたラインに対して90度を目安にします（カーブシザー）。

38 内側の面の前のほうは毛が逃げやすいので、刃先をやや外側に向けてカットすると、背骨に対して平行な面が作れます。

37 後肢の内側をカットします。上望して背骨に対して平行にハサミを当て、㊱に対してやや裾広がりな面を作るようにカットします。

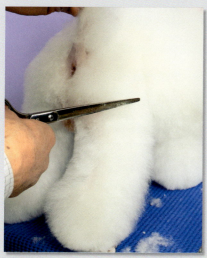

42 ㉝と後肢の外側・内側の角を取るようにカットします。

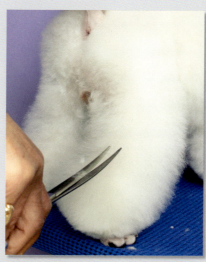

41 カーブシザーで㊵と後肢の外側・内側の角を取るようにカットします。

40 スロープライン部分を立毛し、後肢の後ろ側をカットします。立毛し、飛節〜㉝へ軽くアールを付けて結びます（カーブシザー）。

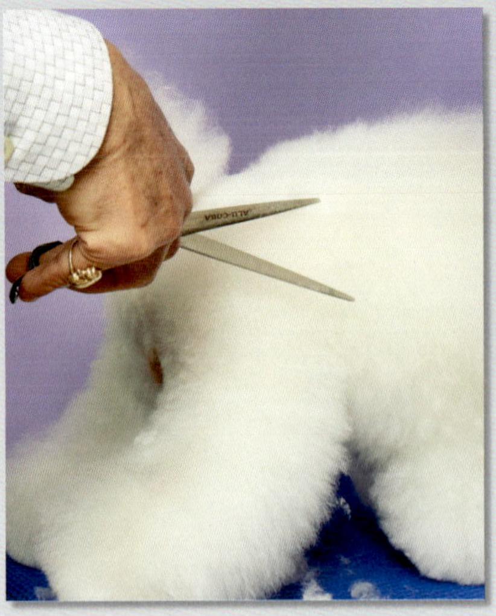

43 後躯の背線とサイドボディの角を取るようにカットします。

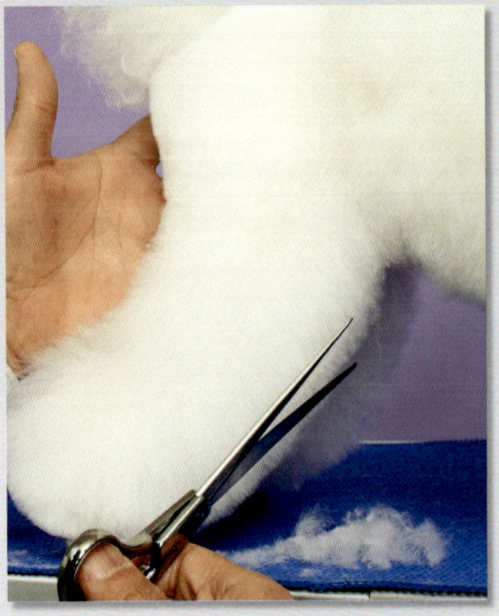

44 後肢の前側をカットします。側望し、フット・ラインから膝まで、㊵のラインに対して膝へ向けてやや絞るようにカットします。

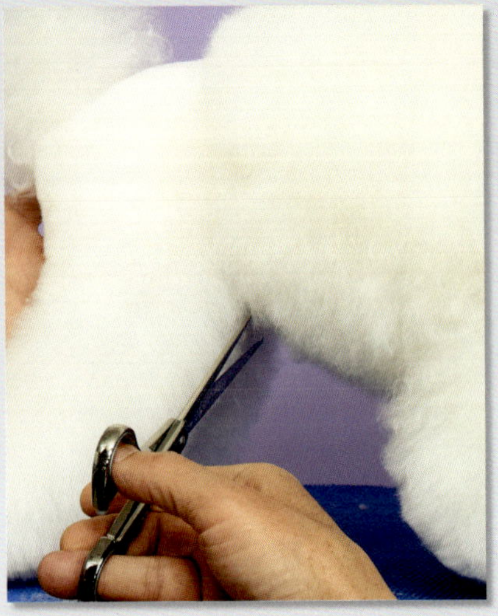

45 膝より上は、さらにハサミを立ててカットします。

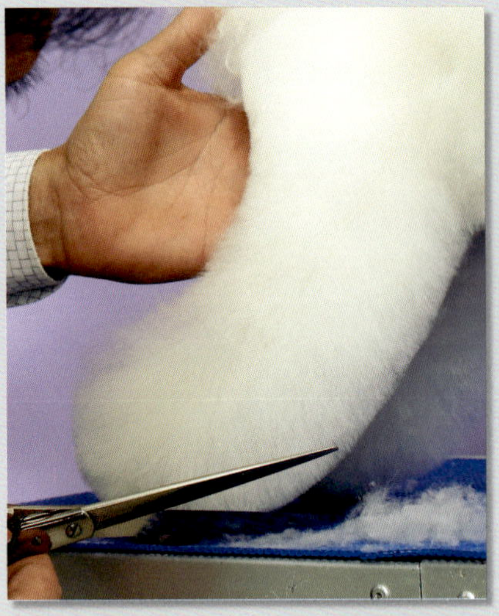

46 後肢の前側と、外側・内側の面の角を取るようにカットします。

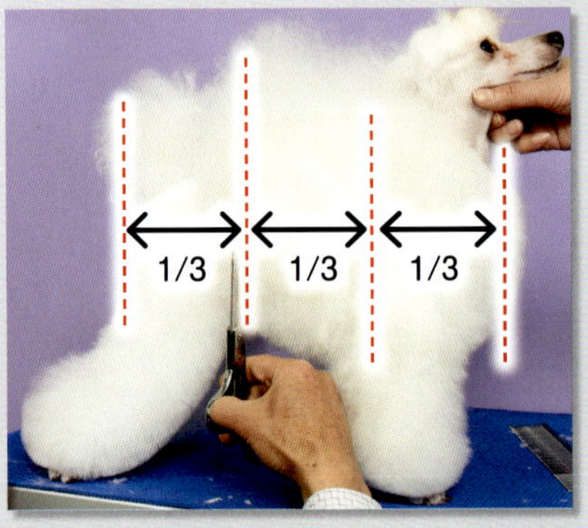

47 パーティング・ラインの位置を決めます。体長の1/3が基本です。

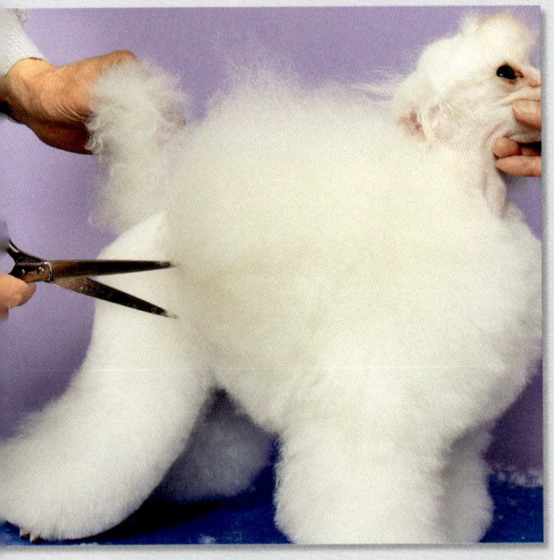

48 ㊽で決めたパーティング・ラインの位置まで、後躯のサイドをカットします。

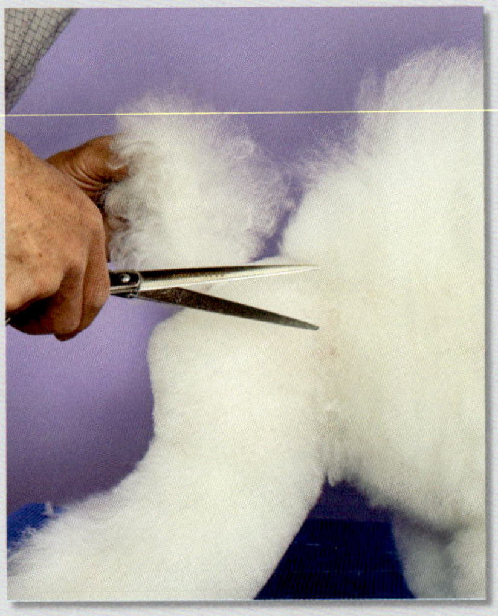

49 ㊽で決めた位置に、ハサミの刃先を使って真っ直ぐなパーティング・ラインを入れます。

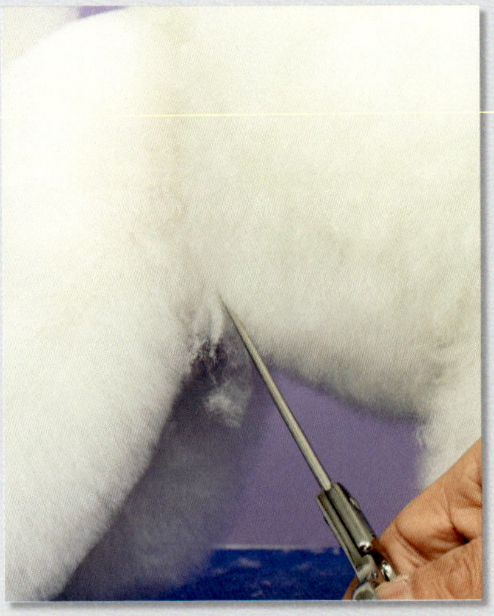

50 メイン・コートをコーム・ダウンし、パーティング・ラインの下からテーブルに対して45度の角度でアンダーラインをカットします。

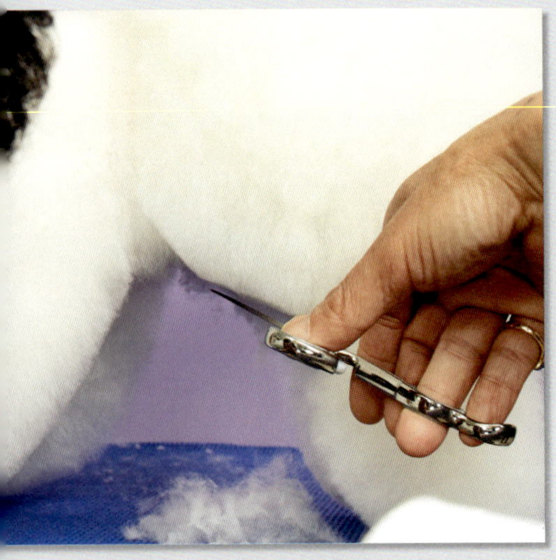

51 肘の後ろ〜㊿をやや斜めにつなげるように、アンダーラインをカットします。

54 パーティング・ラインに沿ってメイン・コートをカットします。ハサミはテーブルに対して垂直に当てるようにします。

53 後躯の背線を、パーティング・ラインの位置まで伸ばすようにカットします。

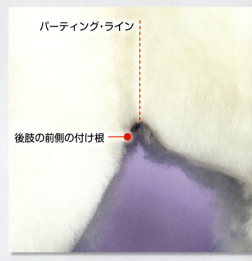

52 後肢の前側の付け根〜パーティング・ラインの下部を、やや丸みのあるラインでつなぐようにカットします。

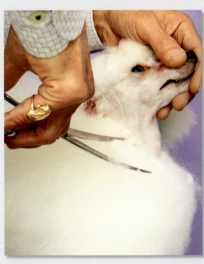

57 胸をカットします。ハサミを背骨に対して直角に当て、ネック・ラインに沿って前胸の毛をカット。さらにメイン・コートの外側の面との角を取っておきます（カーブシザー）。

56 ㊼と㊻の角を取るようにカットします。

55 メイン・コートのサイドと㊼の角を取るようにカットします。

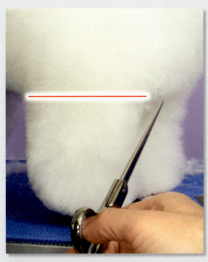

60 胸とボディのアンダーラインをつなげます。胸底（前肢のあいだ）がテーブルに平行になるようカット。

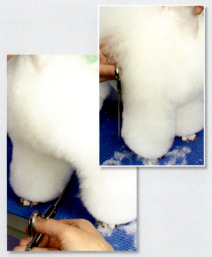

59 前肢をカットします。立毛し、外側・内側・前側・後ろ側を真っ直ぐにカット。それぞれの面のあいだにできる角を取ります。

58 前胸をテーブルに対して垂直にカットし、メイン・コートの外側の面との角を取っておきます。

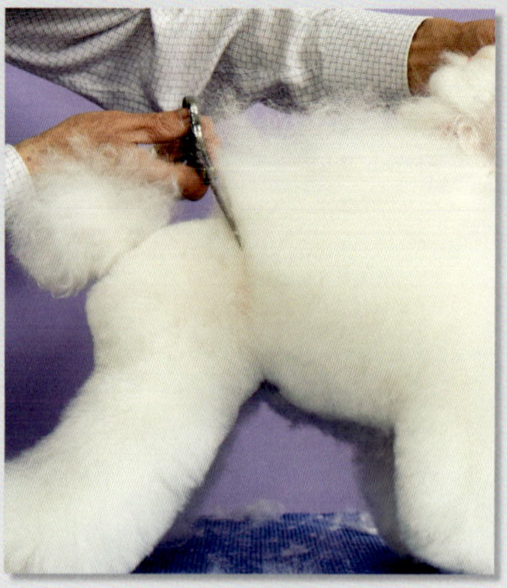

61 メイン・コートの後部を決めます。立毛し、パーティング・ラインに沿ってカットし直します。ハサミの角度はテーブルに対して垂直より、ややボディ後部へ向けて寝かせるようにします。

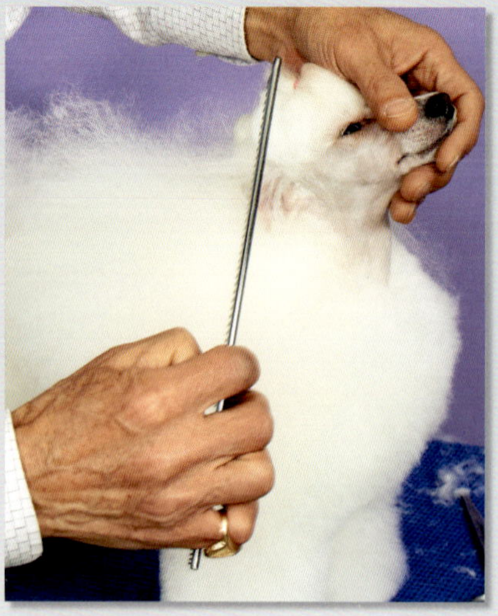

62 耳の後ろ付け根より後方の毛を、後ろへ軽く逃がすようにコーミングします。

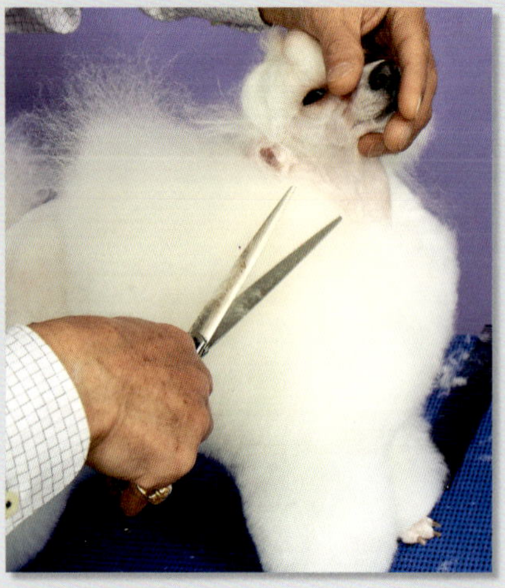

63 肩のあたりの、座骨端から背線の高さのメイン・コートを少しだけ角度を付けてカットします。この部分をカットしておくと、トップ・コートを前からほど良く押さえることができます。

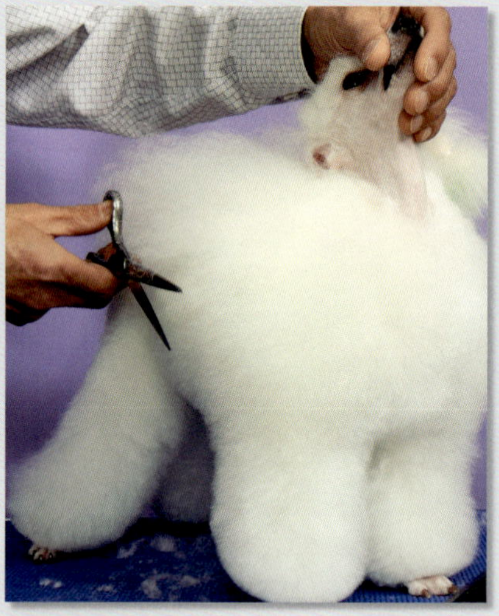

64 メイン・コートのサイドをカットします。タック・アップの高さまでを目安に、メイン・コートの下側を切り上げます。(51)と(52)の角度の違いを意識しながらカットします。

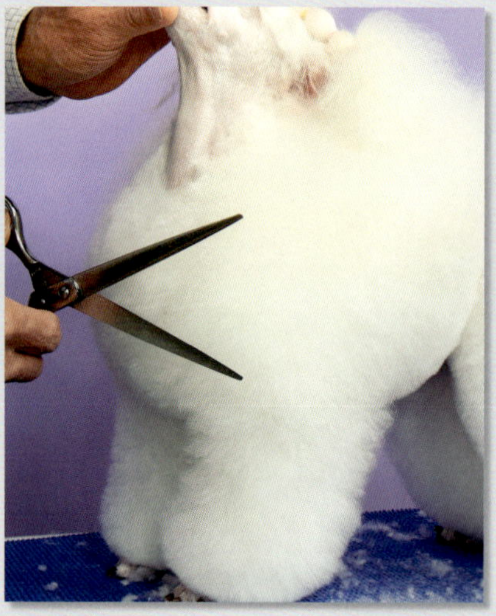

65 エプロンの下側を、やや角度を付けて切り上げます。

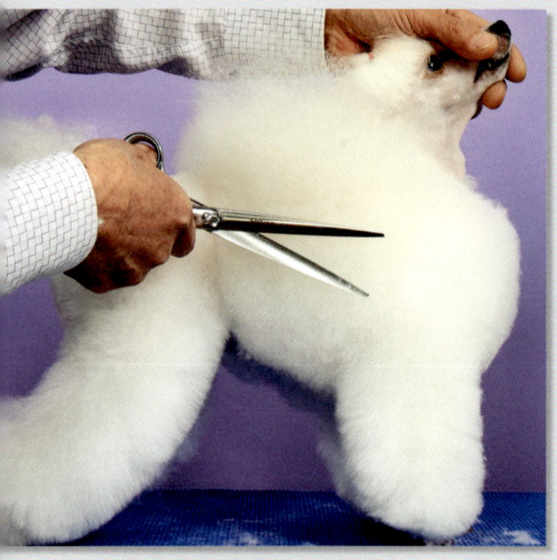

66 メイン・コートのサイドをカットします。タック・アップから座骨端の高さまで、テーブルに対して垂直にカットします。

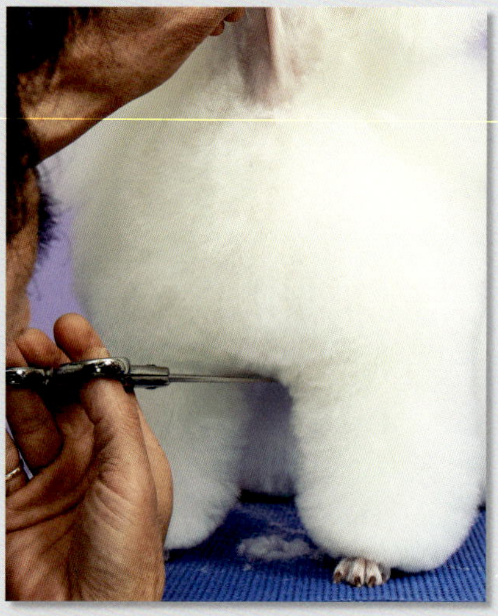

67 下胸をカットします。長くはみ出す毛があればきれいに取っておきます。

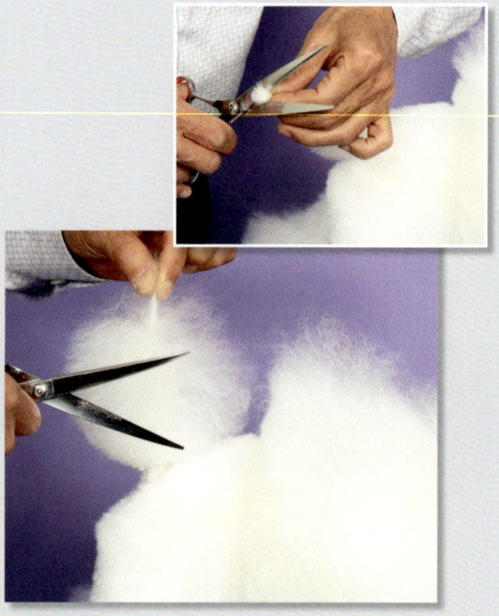

68 テイルをカットします。毛をねじって毛先をカットし、ポンポンを丸く整えます。

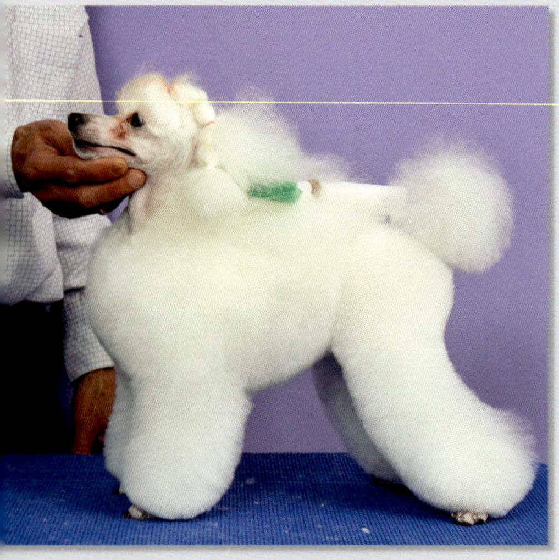

69 セットアップ前のカットが終了したところ。

もっと詳しく！ P124〜 セットアップのポイント

72 スプレーとコーミングを繰り返し、メイン・コートをしっかり立ち上げます。

71 真ん中の毛束の後ろ1/3を取り、後ろの毛束の前1/3とまとめて留めます。（毛量によってはツー・ブロックにしても良い）。

70 セットアップをします。耳の前付け根より前の毛を3つに分けて留め、スウェルの膨らみを作ります。

75 バランスを見ながら、メイン・コートをカットし、高さや厚みを整えます。

74 スプレー・アップがほぼ終わったところ。

73 ある程度毛を立ち上げたら、毛先だけにフォーク・コームを入れ、毛の流れを整えます。

finish

76 耳のラッピングを外してコーミングし、必要に応じて毛先をカットします。

パピー・クリップ

Show Clip 4

1歳未満の子犬用のショー・クリップで、子犬らしいかわいさが表現されています。
被毛を育てる時期でもあるので、ていねいな取り扱いを心がけましょう。

Puppy Clip

もっと詳しく！ P70〜 足バリのポイント

before

前回のトリミングから2カ月。

2 後ろ側も、①と同じ高さまで逆剃りします。パッドや指のあいだの毛も、きれいに取っておきます。

1 ミニ・クリッパーで、足先から指の付け根（握りの曲がる部分）まで逆剃りします。

5 ④のクリッピング・ラインから続けて、テイルのサイドを、テーブルに対して30度の傾きを付けて逆剃りします。

4 テイルを刈ります。1ミリの刃を付けたクリッパーで、テイルの付け根から2cmほど逆剃りし、テイル・セットにV字形の刈り込みを入れます。

3 腹部を刈ります。犬を後肢で立たせ、へそから下、鼠径部より内側を逆剃りします。

もっと詳しく！ P64〜 顔バリのポイント

8 耳孔の前の毛を取り、ネック・ラインの頂点〜耳の後ろ付け根をU字形に結ぶように逆剃りします。

7 のどから下へ、マズルと等距離のポイントをネック・ラインの頂点とし、頂点〜下顎を真っ直ぐに逆剃りします。

6 テイルの裏側を刈ります。⑤の刈り終わりのポイントを、肛門の下でV字形につなげるように刈ります。

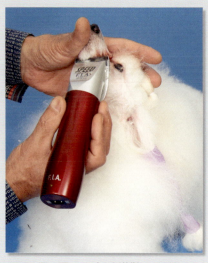

11 イマジナリー・ラインを作ります。耳の前付け根〜目尻に、犬が正しく立ったとき、テーブルに対して平行になるラインを入れます。

10 目の下〜マズルを逆剃りします。

9 下顎と上下のリップ周りをきれいに刈ります。

14 後肢のフット・ラインをカットします。肢の毛をコーム・ダウンしてテーブルの端に犬を立たせ、①〜②のクリッピング・ラインに沿ってカットします。ハサミは、テーブルに対して平行に当てます（カーブシザー）。

13 涙やけが目立つときは、ミニ・クリッパーで気になる部分をクリッピングしてもかまいません。

12 ストップ〜マズル上部を刈り、インデンテーション（目と目のあいだに入れる彫り込み）を入れます。

16 フット・ラインの前側の角度を決めます。側望し、⑮と直角に交わる角度で、ほど良い丸みを付けて切り上げます（カーブシザー）。

15 フット・ラインの後ろ側の角度を決めます。側望し、後側のフット・ラインからテーブルに対して45度の角度で、ほど良い丸みを付けて切り上げます（カーブシザー）。

> **point**
> 犬の左側（向かって右）は前から、右側（向かって左）は後ろからクリッパーを当てると失敗がありません
> 右側　左側

Show Clip

19 フット・ラインの前側と後ろ側の角度を決めます。パスターンの曲がりがあるので、角度に微調整が必要。側望し、前側はテーブルに対して30度、後ろ側は45度を目安にカーブシザーで細かく切り上げます。

フット・ラインは、高くても指骨関節の高さまでにします

18 前肢のフット・ラインをカットします。足先を伸ばした状態で前肢を持ち上げてコーミングし、カーブシザーでテーブルに対して平行にカットします。

17 フット・ラインの外側・内側の角度を決めます。後望し、それぞれテーブルに対して45度、また上望しそれぞれ背骨に平行でほど良い丸みを付けて切り上げます（カーブシザー）。

21 腹部をカットします。犬を後肢で立たせてコーミングし、③のクリッピング・ラインにハサミを入れ直します。

point

X脚が強い場合は、内側より外側のフット・ラインをやや低めにしておくと安心。あとで修正しやすくなります

20 フット・ラインの外側・内側の角度を決めます。前望し、テーブルに対してそれぞれ45度の角度、また背骨に平行でほど良い丸みを付けて切り上げます。

24 テイルを上げ、テイルの前で盛り上がる毛をカットします。

体長の後ろから1/3程度のところまでカットします

23 後躯を立毛し、背線をカットします。テイルを下げ、前へ向けてやや上げる角度でカットします。

22 ④で入れたV字形のクリッピング・ラインにハサミを入れ直します。

27 お尻〜後肢後ろ側をカットします。テイルを上げ、後肢のアンギュレーションが始まるポイントからテイル・サイドの切り終わりにぶつかるところまで、テーブルに対して垂直にカットします。

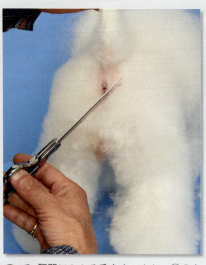

26 肛門にかかる毛をカットし、⑥のクリッピング・ラインにハサミを入れ直します。

セカンド・パピー・クリップに比べて背線の角度が大きいので、この部分と背線がつながることも

25 テイルのサイドをコーミングし、⑤で入れたテイルの両サイドのクリッピング・ラインにハサミを入れ直します。

30 カーブシザーで後肢の後ろ側をカットします。立毛し、飛節〜㉗に向けてやや アールを付けてカットします。続けて外側の面との角を取ります。

29 後肢の外側は、膝のあたりの高さまでテーブルに対してほぼ垂直にカットし、膝より下はやや広げます。

28 大腿部〜後肢の外側をカットします。後躯の幅は体高の40％を目安にし、背骨に対して平行にハサミを当てます。

33 後ろからハサミを入れる場合、内側の面の前のほうは毛が逃げやすいので、刃先をやや外に向けてカットすると背骨に対して平行な面が作れます。

右後肢のみカット済み

32 後肢の内側をカットします。外側の面に対してやや裾広がりにカットし、後ろ側との角を取ります。

31 内股をカットします。片方の肢を持ち上げてハサミの静刃を陰部の横に当て、わずかに平らな面を作るようにカットします。

36 後肢前側の毛を前へ向けてコーミングし、後肢の前側をカットします。側望し、フット・ラインから膝まで㉚に対してやや裾広がりにカットします。

35 後躯のサイドと背線との角を取り、さらに㉕との角を取ります。丸みを付けすぎず、やや角を残すようにカットします。

34 ⑮と㉚の角をテーブルに対して垂直に、少しだけカット。カーブシザーで、接している面との角を取ります。

ネック・ラインの頂点には、前に出る毛をやや多めに残します

39 中躯のアンダーラインをカットします。キ甲とテーブルの中間点から、体長の後ろから1/3のところまで、テーブルに対して20度の角度で真っ直ぐにつなげます。

38 ハサミを背骨に対して直角に当て、ネック・ラインに沿って前胸上部をカットします。

37 膝より上は、ハサミをやや立ててカット。後肢の前側と外側、内側の角を取ります。

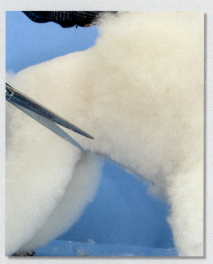

前へ向けて上がる背線

背骨に平行

後ろから1/3

42 中躯のサイドをカットします。上望し、体の前へ向けて広がるようにカットします。ハサミは、テーブルに対して垂直に当てます。

41 ㊴の後ろの切り残しをやや丸みのあるラインでカットし、後肢の前側につなげます。

40 ㊴で決めた体長の後ろから1/3のところまで、㉓、㉘の面を延長します。

45 ㊹でカットした部分の座骨端の高さから上は、テーブルに対して45度の角度で切り下げます。

44 後躯〜中躯のつながりを整えます。中躯より前の毛の長さに合わせ、トップ・ラインに向けてつなげるようにカットします。

43 タック・アップからテーブルに対して平行な線を想定し、その線より下はテーブルに対して45度の角度で切り上げます。

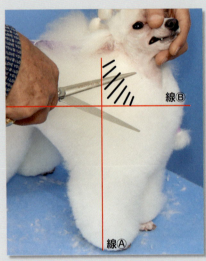

48 線Ⓐより前・線Ⓑより上を、テーブルに対して45度の角度を目安に背線の高さまでカットし、徐々にハサミの角度を立てて耳の後ろ付け根へ結びます。

47 耳の後ろ付け根からテーブルに対して垂直な線（線Ⓐ）と、座骨端からテーブルに対して平行な線（線Ⓑ）を想定します。

46 前躯のサイドをカットします。ていねいに立毛し、背骨に対して平行（テーブルに対して垂直）にカットします。

51 前胸をカットします。㊿で決めた前肢前側の付け根〜線Ⓑ（座骨端の高さ）を真っ直ぐにつなげ、角を取ります。

50 前肢の後ろ側は、㊴で決めたアンダーラインの始まりから、フット・ラインへ向けて真っ直ぐにカット。前側も同じ高さから真っ直ぐにカットし、前肢の各面のあいだにできた角を取ります。

49 前肢をカットします。内側と外側は、フット・ラインへ向けて真っ直ぐにカットします。

もっと詳しく！ セットアップのポイント P124〜

54 セットアップをします。耳の前付け根〜目尻の中間点でV字形にライン付けしながら毛を分け、ゴムをかけてスウェルの膨らみを作ります。

53 テイルをカットします。毛をねじって持ち、毛束の中央をくぼませるように毛先をカット。ポンポンを広げ、カットして丸く整えます（カーブシザー）。

52 ㊶と㊻でできた前胸側面の角を取ります。

57 スプレーとコーミングを繰り返してコートを立ち上げ、アウトラインをカットして整えます。

パピーは毛が短いので毛束の数を減らして、ツーノットにもしません

56 前の毛束の後ろ1/3と、後ろの毛束の前1/3をまとめ、ゴムをかけます。毛束を2つに分けて引っ張り、ゴムを毛束の根元までずらします。

55 耳の前付け根と㊾の分け目の中間点で、毛を真っ直ぐに分けてゴムをかけます。

finish

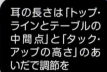

耳の長さは「トップ・ラインとテーブルの中間点」と「タック・アップの高さ」のあいだで調節を

58 耳をカットします。毛先を真っ直ぐにカットし、切り口と外側の角だけを少し落とします。

パピー・クリップのベースを作る

子犬のファースト・トリミング

Show Clip 5

プードルでは、生後3カ月ごろを目安に最初のトリミングを行います。パピー・クリップ(P108〜)にスムーズに移行するための大事な工程です。

first trimming

Show Clip

2 足先から①のクリッピング・ラインまで逆剃りします。

1 後肢の足周りを刈ります。左手を飛節の上から当てて自然な角度で肢を曲げさせ、指の付け根（握りの曲がる部分）より下を並剃りします。

before

約1カ月前に、足と顔のみクリッピング済。

> もっと\詳しく!/
> **P70〜** 足バリのポイント

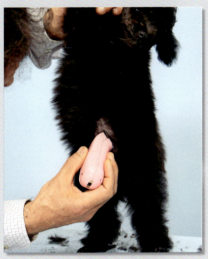

5 腹部を刈ります。モデル犬はオスなので、鼠径部から逆剃りし、へそより1cmほど上で逆V字形に見えるようにつなげます。

4 前肢も同様にクリッピングします。トリミングに慣れるまでは無理に立たせず、犬が嫌がらない姿勢で作業しましょう。

3 指のあいだとパッドのあいだの毛を取ります。

8 ⑦の刈り終わりのポイントを、肛門の下でV字形につなげるように並剃りします。

7 テイルの付け根の両サイドを、テーブルに対して30度の角度で並剃りします。

6 テイルを刈ります。1.5ミリの刃を付けたクリッパーで、テイルの付け根から1.5cmほど並剃りします。

11 ⑨で決めた頂点から下顎へ逆剃りします。クリッパーの刃が左手の親指に当たったら保定する手の位置を変え、口先まで刈ります。鼻鏡の下も逆剃りします。

10 上から左手を当ててマズルをつかみ（前と上下左右への動きを止める）、小指を後頭部に添えます（後ろへの動きを止める）。

9 ネック・ラインの頂点を決めます。のどから下へ向けて、のど〜鼻先までの長さと等距離にある点をネック・ラインの頂点とします。

この段階のトリミングでは、厳密にライン付けしなくてもOK

14 ストップから、マズル上面を逆剃りします。鼻鏡の手前側だけは毛流が逆なので、クリッパーを当てる向きを変えます。

13 ネック・ラインを整えます。ネック・ラインの頂点〜耳の後ろ側の付け根あたりを自然につなげます。

12 目尻〜耳の付け根を結ぶ線を目安に、イマジナリー・ラインを刈ります。続けて目の下〜マズルも刈ります。

point ✕ ◎

足を床に押しつけると、指骨関節に押し上げられてラインが変わるので、足を軽く浮かせるつもりで保定します

16 四肢の足周りをカットします。①〜②のクリッピング・ラインに沿って、テーブルに対して45度の角度を付けてぐるりとカットします（カーブシザー）。

15 リップ周りを刈ります。口を閉じさせてリップ・ラインに沿って軽く刈った後、人さし指で上唇を持ち上げます。さらに親指で下唇を後ろへ引き、リップ周りをきれいに刈ります。

19 ⑦のクリッピング・ラインにハサミを入れ直します。

18 立毛し、後躯の背線をカットします。テイルの付け根から、テーブルに対して10〜20度の角度で、切れるところ（毛があるところ）までカットします。

17 お尻をカットします。後躯を後ろへ向けてコーミングし、テイルを真っ直ぐに立てて、⑥のクリッピング・ラインにハサミを入れ直します。

22 後肢の外側と内側をカットします。外側は大腿部〜膝のあたり、内側は鼠径部〜飛節の上あたりまでを目安に、面を平らに整えます。

21 後肢の後ろ側をカットします。後肢のアンギュレーションが始まるポイント〜飛節を真っ直ぐに結ぶようにカットします。飛節より下はカットせずに毛を残します。

20 お尻をカットします。⑲の切り終わりから後肢のアンギュレーションが始まるポイントまで、テーブルに対して垂直にカットします。

\ point /

毛が伸びていれば、下のほうまでカットできます

㉒でどの高さまでカットできるかは、肢の下部の毛の長さによって決まります。後肢の外側は、テーブルから立ち上げた垂線に対してやや広がるイメージで面を作ります

24 背線と大腿部の角を取り、さらに⑲と大腿部の角を取るようにカットします。

23 お尻〜膝、膝〜飛節の、後ろ側と外側、内側との角を取るようにカットします（カーブシザー）。

27 前胸をカットします。側望し、テーブルに対して垂直にカットします（カーブシザー）。

26 前胸を立毛し、ネック・ラインにハサミを入れ直します（カーブシザー）。

25 胸をカットします。耳を上げ、そのまま頭と一緒に押さえます。

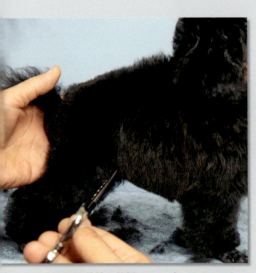

30 後肢の前側〜アンダーラインのあいだの毛を軽く切り上げ、中躯と後躯をつなげます。

29 中躯をカットします。コーム・ダウンし、下胸に沿ってアンダーラインをカットします。

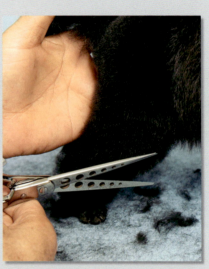

28 後肢の前側をカットします。毛の長さが十分ではないので、後肢の後ろ側と平行になるラインを想定し、そのラインからはみ出す毛だけをカットします。外側、内側との角も取ります。

33 前躯のサイドを、背骨に対して平行にカットします。

32 中躯のサイドとアンダーラインの角を取るようにカットします。

31 サイドボディをカットします。中躯から前躯へ、軽く広げながら自然につながるように整えます。

36 ネック・ラインから前胸へ向けて切り下げるようにカットします。

35 中躯のアンダーラインにつながるように、下胸をカットします。

34 ㉝から続けて、前肢の外側をテーブルに対して垂直にカット。内側も同様にカットします。

39 テイルをカットします。毛をまとめてねじり、毛先をカットします。

38 ㊱、㊲と、サイドボディの角を取るようにカットします。さらに背線〜頭へのつながりを調整し、サイドボディとの角を取ります。

座骨端の高さ

アンダーラインの終わりの高さ

37 前胸をカットします。側望し、アンダーラインの終わりの高さから座骨端の延長線の高さまで、斜めに切り上げます。

finish

40 ポンポンの毛を軽く起こして⑥のクリッピング・ラインにハサミを入れ直し、下側を斜めに切り上げます（カーブシザー）。

フロント・ブレスレットの手順とポイント

3 ①〜②で確認した高さに、クリッパーまたはハサミで軽く目印を入れます。肢のやや前寄りの部分に入れるとよいでしょう。

2 ①で確認したリア・ブレスレットと同じ高さに作っていきます。

1 フロント・ブレスレットを作るときは、やや高めの位置まで毛を残しておきます。まず、基準となるリア・ブレスレット（イングリッシュ・サドルの場合はボトム・ブレスレット）の後ろ側の高さを確認します。

POINT 肢の後ろ側の皮膚が伸びているので、後ろ側はやや高い位置まで毛を残します

6 前肢を持ち上げる場合は、クリッピング・ラインがやや後ろ上がりになるように刈ります。こうすると肢を下ろしたときに、クリッピング・ラインがテーブルに対して平行になります。

5 ④の高さからテーブルに対して平行に、前肢の外側を逆剃りします。

4 ③より上の部分だけを逆剃りします。

9 ブレスレットの上半分の外側を、カーブシザーでカットします。前望し、クリッピング・ラインと5ミリ離れたところから、テーブルから立ち上げた垂線に対して45度に切り下げます。

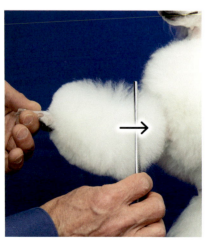

8 前肢を持ち上げて、ブレスレットの上半分の毛を起こすようにコーミングします。その後、肢を軽く振って立毛し、毛を落ち着かせます。

7 ⑤から続けて、肢の後ろ側〜内側〜前側も逆剃りします。

12 カーブシザーでブレスレットの上半分の後ろ側をカットします。側望し、クリッピング・ラインから、テーブルに対して45度に切り下げます。

11 ブレスレットの上半分の前側をカーブシザーでカットします。側望し、クリッピング・ラインと1cm離れたところから、テーブルに対して45度に切り下げます。

10 ブレスレットの上半分の内側をカーブシザーでカットします。前望し、クリッピング・ラインから、テーブルから立ち上げた垂線に対して45度に切り下げます。

⑬〜⑭は、上へ向けてやや広がる面を作るようにカット。立毛させた毛が落ち着いたときに、テーブルに対して垂直に見えます

14 ⑪〜⑫と、前後のフット・ライン(テーブルに対して30度で切り上げてある)の角を、テーブルに対して垂直に仕上がるようにカットします。

13 ⑨〜⑩と、内側・外側のフット・ライン(テーブルに対して45度切り上げてある)の角を、テーブルに対して垂直にカットします。

POINT

ブレスレットのバランスの取り方

切り下げた面、垂直な面、切り上げた面が、それぞれブレスレットの高さの1/3になるようにする。

- A/3×2＋肢の太さ
- ブレスレットの上下のサイズ A
- A/3cm
- A/3cm
- A/3cm
- A/3cm

フット・ラインからブレス・ラインまでの高さを9cmとした場合

肢から垂直な面までの幅(残す毛の長さ)も、ブレスレットの高さの1/3にする

カット時の刃先の位置

前側←側望→後ろ側

1cm離れたところからカット

刃先が皮膚にふれるところからカット

1cm 45° 45°

外側←前望→内側

5ミリ離れたところからカット

5ミリ 45° 45°

前肢にはパスターンの曲がりがあるので、角度に微調整が必要です

セットアップの手順とポイント

3 ②で作った左右の分け目を、上望したとき後ろへ向けて広がるV字形になるようにつなぎます。

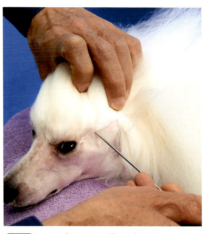

2 リングコームを使い、（スカルの形状によって）耳の前付け根〜目尻の中間点前後で毛を分けます。

1 頭部と耳の毛を正確に分け、耳の毛は束ねておきます。

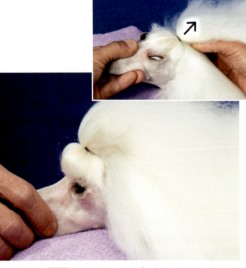

6 左手でストップを押さえ、スカルに沿って右手を後ろへ引き、スウェルの膨らみを作ります。

5 ④の毛束の後ろ1/2〜1/3を、ゴムの上から右手で持ちます。

4 ③の毛束をできるだけ前でまとめて持ち、ゴムをかけて留めます。

9 前望し、スウェルの上のゴムがテーブルに対して平行であることを確認します。

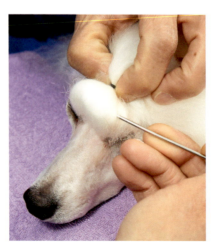

8 スウェルにリングコームの先を差し入れ、スウェルの膨らみの内側の毛をほど良く前へ引き出します。

7 ゴムをかけた部分の下を指で引き出し、スウェルの膨らみを整えます。

Show Clip

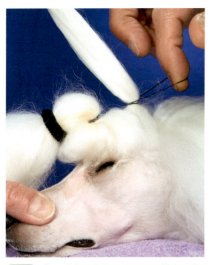

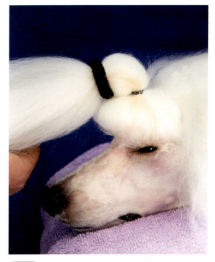

12 ⑪を毛束の中心でまとめて持ち、ゴムをかけて留めます。

11 耳の前付け根と②の分け目の中間点で、毛を真っ直ぐに分けます。

10 スウェルの上の毛束を、軽くまとめておきます。

15 真ん中の毛束の前1/3を取り、前の毛束と合わせます。

14 ⑬を毛束の中心でまとめて持ち、ゴムをかけて留めます。

13 耳の前付け根で、毛を真っ直ぐに分けます。

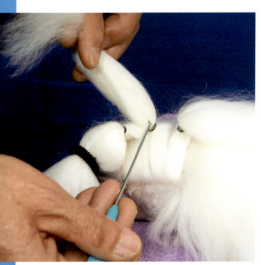

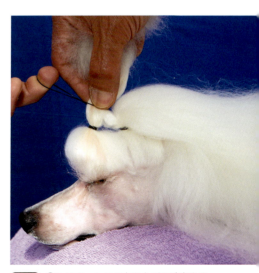

18 真ん中の毛束の後ろ1/3を取り、軽くゴムをかけて仮留めしておきます。

17 側望し、⑯のゴムがわずかに前下がりになっていることで、⑯の毛束がテーブルに対してわずかに前へ立ち上がるようになっていることを確認。

16 ⑮とスウェルから立ち上がる毛束をまとめて中心で持ち、④のゴムより1.5cmほど上でゴムをかけて留めます。

21 ④と⑯のゴムの間にコームの歯を入れて前へ引き出し、膨らみを調節します。

20 ⑲の毛束を2つに分けて引っ張り、ゴムを毛束の根元までずらします。その後、仮留めを外します。

19 後ろの毛束の前1/3を取ります。⑱と合わせて、ゴムをかけて留めます。

24 リングコームで㉓のパーティング・ラインを調整します。上望したとき、ボディの右側から左側へやや下がるようにします。

23 リードを入れます。首の後ろ（キ甲の2cmほど前が目安）で毛を前後に割り、コーミングします。

22 ゴムをかける作業が終わったところ。

27 スプレー・アップしていきます。上段前側（⑯でゴムをかけた部分）の毛束と、その後ろのゴムをかけていない部分（2段目）を、前へ向けてコーミングします。

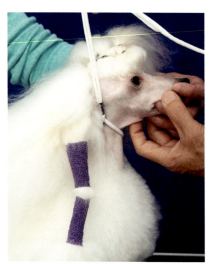

26 歩くときの位置でリードを押さえ、毛が不自然につぶれるところがないことを確認します。

25 ㉔のパーティング・ラインに沿ってリードを入れます。

Show Clip

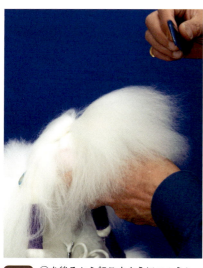

30 ㉘を後ろから起こすようにコーミングし、前の毛束に張り付けます。

29 上段前側の毛束を均等に広げ直し、後ろからスタイリング剤をスプレーします。根元には強め、上部には弱めにスプレーします。

28 ㉗の後ろのゴムをかけていない部分だけを後ろへ戻し、均等に広げるようにコーミングします。

33 それより後ろの毛を、後ろへ向けて均等に広げるようにコーミングし、クリップなどで軽く留めておきます。

32 上段後ろ側（⑲〜⑳でゴムをかけた部分）の毛束を前に倒し、均等に広げるようにコーミングします。

31 前望し、㉙〜㉚で毛を起こした部分がテーブルに対して垂直であること、上のゴム（⑯でかけたもの）がテーブルに対して水平であることを確認します。

36 ㉟ではりきれなかった部分を、後ろへ向けて扇形に広げるようにコーミングします。

35 ㉚で毛を起こした部分に後ろからスタイリング剤をスプレーし、㉞を、前へ向けて扇形に広げながら均等に張り付けます。

34 上段後ろ側の毛束を、後ろへ向けて扇形に広げるようにコーミングします。

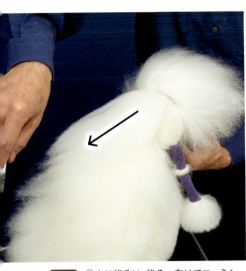

| 39 | ㊳より後ろは、後ろへ向けてコーミングし、クリップなどで軽く留めておきます。 |

| 38 | ⑬の分け目より後ろは、リングコームで薄く毛を分け、いったん前へ向けてコーミングします。 |

| 37 | ㉟〜㊱の作業を繰り返します。 |

| 42 | 後部ほど毛が短く立ち上がりやすいので、スタイリング剤をスプレーする量も減らしていきます。 |

| 41 | ㊵の作業を繰り返します。後頭部あたりから後ろは「前」ではなく、「上」へ毛を起こすつもりで張り付けていきます。 |

| 40 | ㊳を、後ろへ向けて扇形に広げるように戻し、㉟〜㊱と同様に前に張り付けます。 |

| 45 | 犬の目を覆って前からスタイリング剤をスプレーし、前側の毛束をさらにしっかり起こしながら毛の流れを整えます。 |

| 44 | 毛先にだけコームを入れるようにしながら、毛の流れを軽く整えます。 |

| 43 | 毛を立て終えたところ。 |

Show Clip

プードルの
ペット・クリップ

伝統的なペット・クリップ

基本のテディベア・カット

chapter
5

伝統的なペット・クリップ

プードルのペット・カットではテディベア・カット（P132～）が主流となっていますが、
クラシカルなタイプのスタイルも覚えておきましょう。

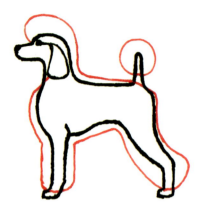

ラム・クリップ（P50～）

ベーシックで親しみやすいスタイル。クリッピングするのは顔・足先・腹部・テイルの付け根だけなので、皮膚の露出に抵抗のある飼い主さんにもおすすめしやすいでしょう。

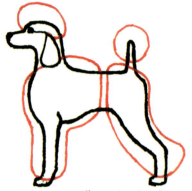

パジャマ・ダッチ・クリップ
（マンハッタン・クリップ）

ネックとウエストをクリッピングしたスタイル。ウエストのバンドは上部・サイドともに真っ直ぐで、ジャケットと長ズボンを着ているように仕上げたスタイルです。

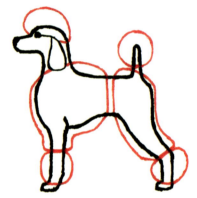

ボレロ・マンハッタン・クリップ

マンハッタン・クリップをアレンジしたスタイル。ラム・クリップやパジャマ・ダッチ・クリップなどからアレンジして作ることもあります。

マイアミ・クリップ

ラム・クリップの四肢に、特徴であるブレスレットを付けたスタイル。ボディはブレスレットを目立たせるためにある程度短くカットするので、軽快な印象でお手入れも比較的簡単です。

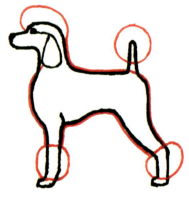

サマー・マイアミ・クリップ

マイアミ・クリップをもとに、頭部・耳・ブレスレット・テイルのみに被毛を残し、ほかの部位をクリッピングしたスタイル。よりカジュアルで軽い印象になります。

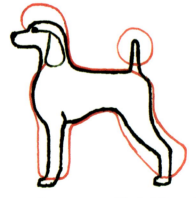

スポーティング・クリップ

四肢は太めに作り、ボディを短くクリッピングしたスタイル。涼しげでお手入れしやすい点が特徴です。

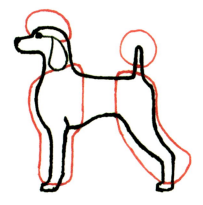

タウン&カントリー・クリップ

ダッチ・クリップの一種で、ベルトを太く取ったスタイル。四肢に被毛を残しつつ、すっきりと涼しげな雰囲気にできます。

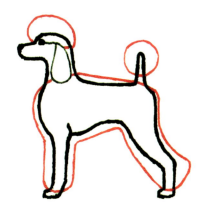

マンダリン・クリップ

ボディと四肢は、ラム・クリップと同様にカット。首抜きをしてネック・ラインを見せたスタイルです。

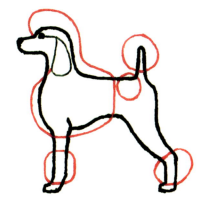

ファースト・コンチネンタル・クリップ

コンチネンタル・クリップ（P74〜）をペット風にアレンジしたスタイル。頭部は丸くカットし、クラウンを作ります。首周りをクリッピングするバージョンもあります。

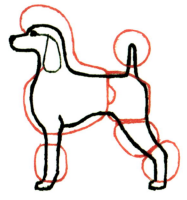

ハリウッド・クリップ

後躯はイングリッシュ・サドル・クリップ（P86〜）と同様にカット。さらに前肢にはブレスレット、頭部にはクラウンを作るスタイルです。

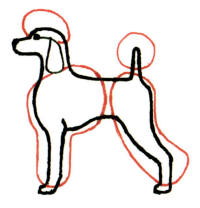

スイートハート・クリップ

ロイヤル・ダッチ・クリップ

ともにパジャマ・ダッチ・クリップをベースにしたスタイル。ベルトの背線に切り込みを入れることで、側望するとバンドの幅は広く、曲線を描いて見えます。上望ではスイートハート・クリップは前躯も後躯もハート形に見えます。ロイヤル・ダッチ・クリップは背骨に沿ってチャンネルを入れることで十字（クロスライン）ができます。側望はスイートハート・クリップと同様です。

スイートハート・クリップ(上望)

ロイヤル・ダッチ・クリップ(上望)

基本の テディベア・カット

今やプードルのペット・カットと言えば、ほとんどが「テディベア」。
さまざまなバリエーションがありますが、
ここでは最もベーシックなパターンで説明します。

Teddy Bear Cut

2 腹部を刈ります。モデル犬はオスなので、鼠径部から逆剃り。へそより少し上で逆V字形につなげます。

1 四肢の足周りをクリッピングします。フット・ライン（握りの曲がる部分）まで真っ直ぐに逆剃りし、足裏も刈ります。

もっと詳しく！ P70〜 足バリのポイント

足バリを入れずに仕上げたい場合→P141へ！

before

前回のトリミングから約1カ月。

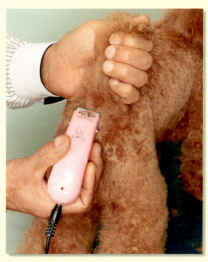

5 耳の後ろ側の付け根にクリッパーの角を当て、背骨に対して45度の角度で首のサイドを並剃りします。

4 5ミリの刃を付けたクリッパーで、首の後ろ〜サイドからクリッピングしていきます。頭と首を分けるラインは、両耳の後ろ側の付け根を丸くつなぐように作ります。

3 肛門周りを刈ります。汚れやすい部分の毛を取りますが、ポンポンをテイルの根元から作りたいので、肛門より上の毛を取りすぎないようにします。

8 立ち位置を変えず、⑦から続けて中躯の左サイドを並剃りします。クリッパーの刃先で皮膚がたるまないよう、逆の手で犬の体を軽く押さえながら作業します。

7 ⑥から続けて背線を刈ります。テイルの付け根まで、真っ直ぐに並剃りします。

6 ⑤のあいだに残った毛を、クリッパーの刃を背骨に対して直角に当てて、平行に並剃りします。

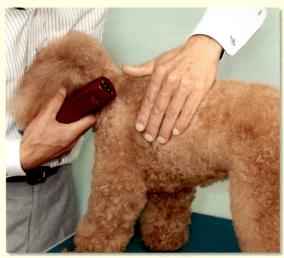

9 クリッピングした部分の毛を手で軽く起こし、さらに並剃りしてクリッピング面を整えます。

\ point /

クリッパーを強く当てすぎると刃先で皮膚がたるみ、被毛に段差ができたり傷つけてしまうことがあります

12 タック・アップを刈ります。皮膚が薄い部分なので、後ろから手を添えて並剃りします。

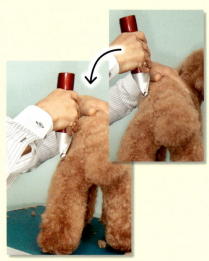

11 クリッパーは背骨に対して平行に当て、その角度を維持したまま、大腿部の筋肉が終わるところまで並剃りします。刈り終わりは、刃先を手前に逃がします。

10 左の大腿部を刈ります。犬の横に移動し、刈る部分と同じ高さまで目線を下げます。

\ point /

肩端の内側は、クリッパーを強く当てると皮膚がくぼむため、穴を開けたりしやすいので注意。視点を下げ、刈っているところを見ながら作業します

14 首〜前胸を刈ります。耳を上げて押さえ、⑤のクリッピング・ラインより前を、首の付け根から並剃りします。

13 前躯の左サイドを刈ります。首の下あたりから並剃りし、肘より少し上で手前に刃を逃がします。

Pet Clip

17 お尻を刈ります。テイルの付け根から並剃りし、大腿部へつなげます。

16 右の大腿部は、クリッピングをとくにていねいに。ハサミを使う場合、毛流とは逆に刃を当てることになって跡が残りやすいので、できるだけクリッパーで仕上げるようにします。

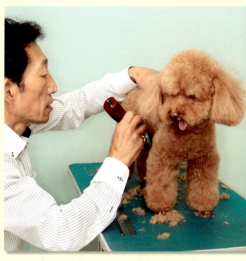

15 右サイドをクリッピングするときは犬の真横に立ち、⑧〜⑭と同様に作業します。

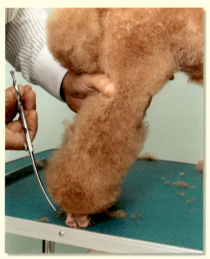

20 カーブシザーでフット・ラインの後ろ側をカットします。パッドの後ろから、テーブルに対して45度の角度で、ほど良い丸みを付けて切り上げます。

ハサミは、クリッピング・ラインの1ミリ下に当てるつもりで

19 カーブシザーで足周りをカットします。足先の毛をコーム・ダウンし、ハサミをテーブルに対して平行に当てて足周りをぐるりとカットします。

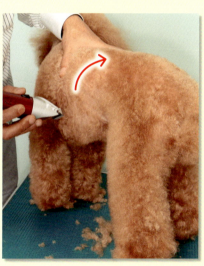

18 ボディの下部を刈ります。左手で皮膚を上へ引き上げるようにしながら、サイドボディから続けて並剃りします。

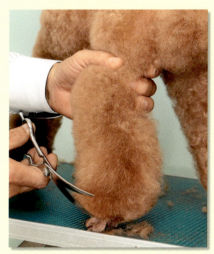

22 カーブシザーでフット・ラインの内側、外側をカットします。仕上がりの肢の太さなども考えながら、ほど良い丸みを付けて切り上げます。

point

肢をテーブルにべったりつけない程度に

フット・ラインの前側をカットするときは、指骨関節の盛り上がった部分を傷つけやすくなります。肢を軽く持ち上げるように保定しましょう

21 カーブシザーでフット・ラインの前側をカットします。側望し、㉑と直角に交わる角度で、ほど良い丸みを付けて切り上げます。

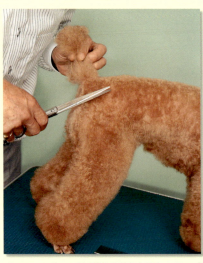

25 テイルの付け根の両サイドを、テーブルに対して30度を目安にカットします。

24 ボディをカットします。テイルの付け根〜背線をつなげるようにカットします。

23 前肢のフット・ラインも、カーブシザーで⑳〜㉓と同様にカットします。

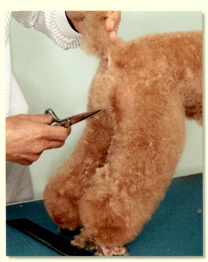

28 お尻と後肢の付け根を自然につなげます。㉖の切り終わりからアンギュレーションが始まるポイントあたりまで、テーブルに対して垂直にカットします。

27 ボディをカットします。クリッピングした部分のアウトラインだけを整えるつもりでハサミを入れます。

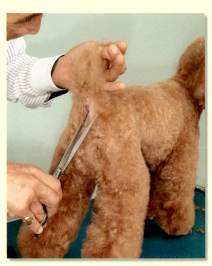

26 肛門周りのクリッピング・ラインにかかる毛を、なじませるようにカットします。

> 右の大腿部のクリッパー面には、できるだけハサミを入れません（手順⑰参照）

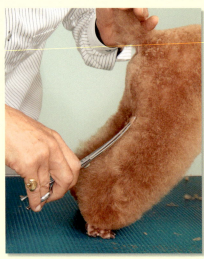

31 後肢の後ろ側をカットします。飛節〜アンギュレーションが始まるポイントあたりをつなげるようにカットし、外側・内側の面との角を取ります（カーブシザー）。

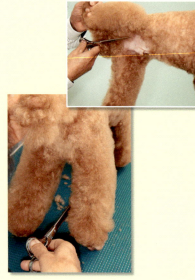

30 後肢を片方ずつ上げて鼠径部〜内股をカット。さらに、肢の付け根からフット・ラインへ、10度ほど開く平らな面を作るようにカットします。

29 後肢の外側をカットします。テーブルから立ち上げた垂線に対して10度ほど下へ開く、平らな面を作ります。

Pet Clip

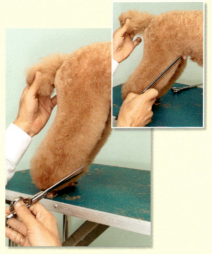
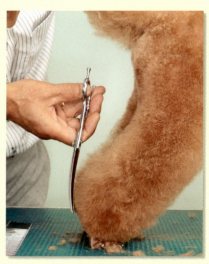

34 膝より上は、ハサミをやや立ててカットします。㉞〜㉟と、外側・内側の面の角を取ります。

33 後肢の前側をカットします。斜め前へ向けてコーミングし、フット・ラインから膝まで、㉜に対して平行にカットします。

32 飛節より下は、カーブシザーでテーブルに対して垂直にカットします。

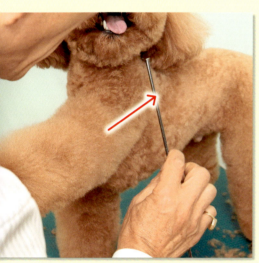
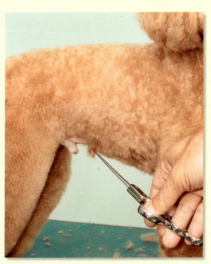
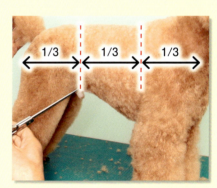

37 前肢をカットします。肢の毛を毛流とは逆にコーミングし、肢を軽く振って毛を落ち着かせます。

36 アンダーラインをカットします。ボディの毛をコーム・ダウンし、体に沿ってタックアップの位置までカットします。

35 体長の後ろから約1/3のところにタック・アップを作ります。

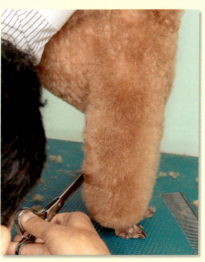

40 前胸をカットします。アウトラインを確認しながらクリッピング面を整え、サイドボディとの角を取ります。

39 前肢の後ろ側・前側・内側は付け根〜フット・ラインを真っ直ぐにつなぐようにカットし、それぞれの面のあいだにできる角を取ります。

38 前肢の外側をカットします。サイドボディのクリッピング面から、真っ直ぐに下へつなげます。ハサミは背骨に対して平行に当て、コーミング〜カットを数回繰り返します。

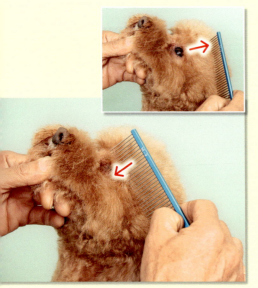

43 まぶた〜目の上の毛をいったん後ろへコーミングし、まぶたの毛だけを下ろします。

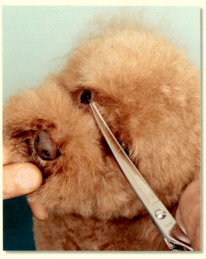

42 左右の目頭をつなぐように、カーブシザーでストップをカットします。

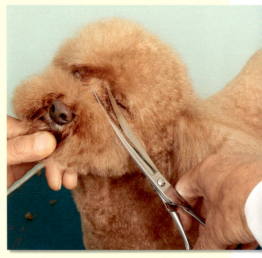

41 顔をカットします。目頭の毛を上へ向けてコーミングし、カーブシザーで目にかかる毛を刃先でカットします。

46 上望し、カーブシザーで㊻の左右を斜めにカットします。ハサミは、テーブルに対して垂直に当てます。

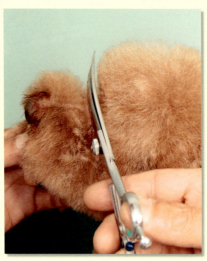

45 目の上の毛を前へ向けてコーミングし、頭の前側をカーブシザーで真っ直ぐにカット。ハサミは、テーブルに対して垂直に当てます。

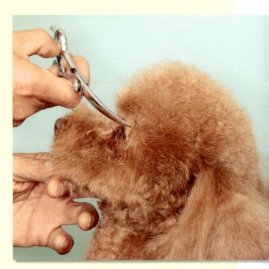

44 カーブシザーで目にかかる毛をカットします。ハサミは、テーブルから立ち上げた垂線に対して、20度ほど前へ倒します。

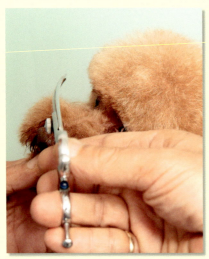

49 鼻鏡のすぐ後ろの毛を前へ向けてコーミングし、短くカットします。

前望したとき、両目がしっかり見えることを確認！

48 マズルの上側をカットします。テーブルに対して平行な角度を目安に、カーブシザーでやや丸みを付けてカットします。

47 マズルの毛をコーミングし、放射状に広げます。

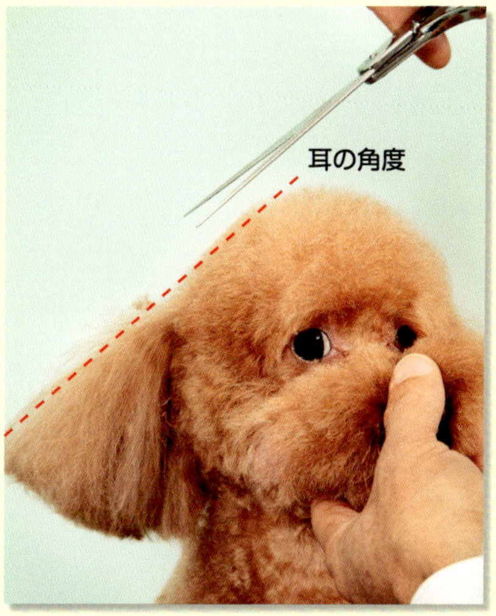

50 頭頂の毛を起こすようにコーミング。前望して、耳の角度に合わせて頭の両サイドをカットします。

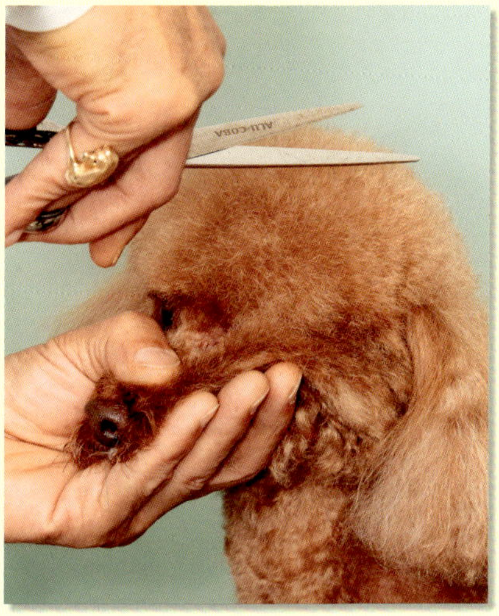

51 前望し、㊿を頭頂部で丸くつなげます。

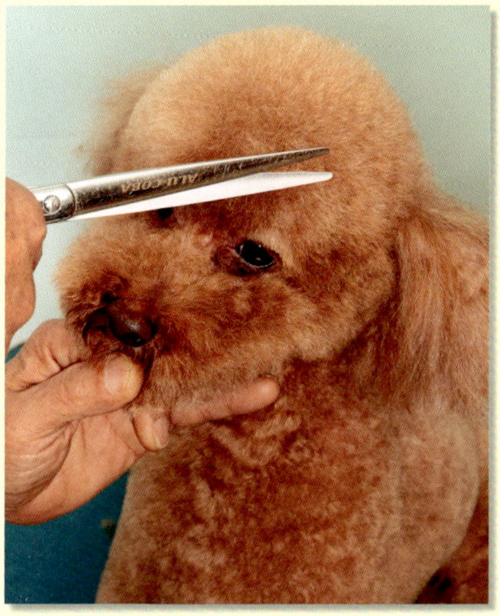

52 頭頂部の毛を前へ向けてコーミングし、㊻と51の角を取ります。

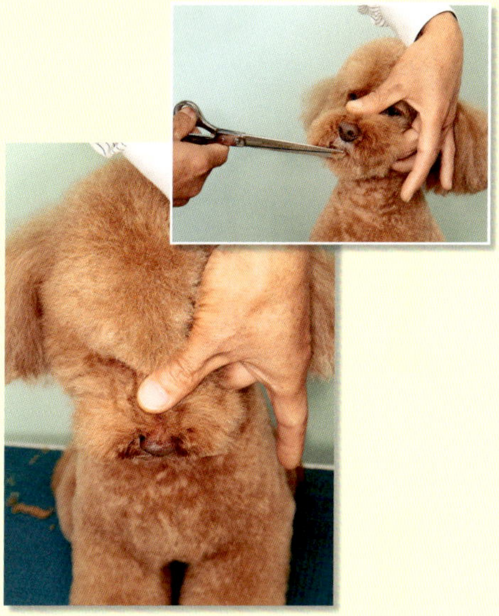

53 口先の毛をかき出すようにコーミングし、鼻鏡の長さでカットします。

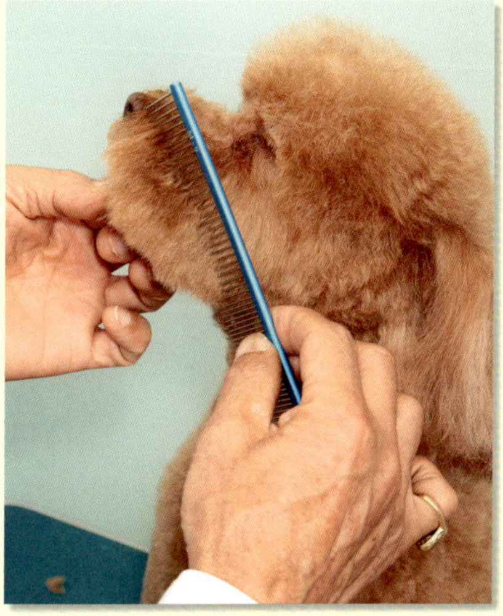

54 口ひげを斜め前へ向けてコーミングし、さらに頬の部分を真っ直ぐ下へコーミングします。

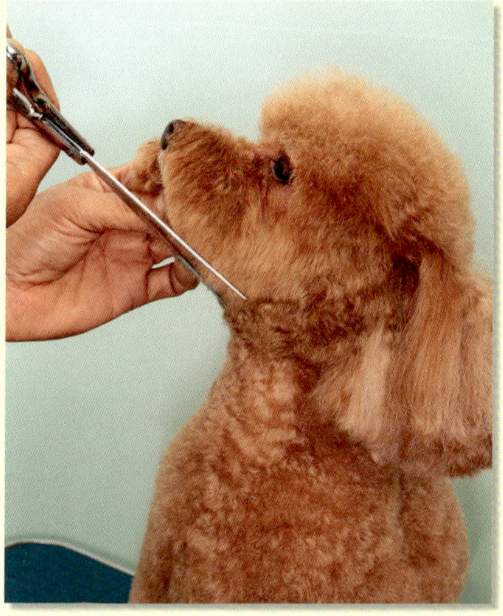

55 側望し、鼻先～首の付け根を、ほど良い丸みのある線で結びます。

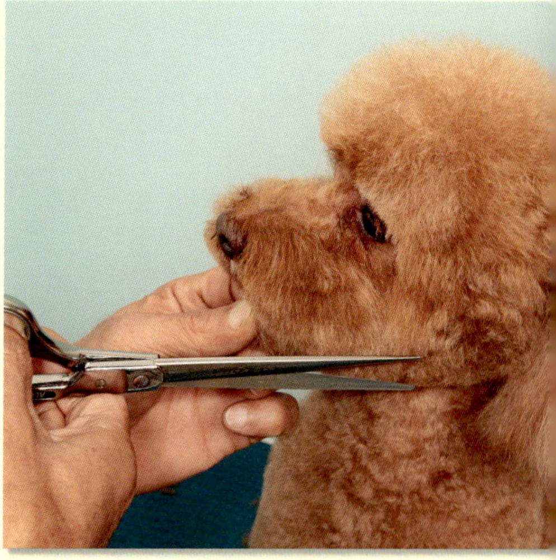

56 上望して輪郭をさらに整えます。マズル部分は毛を起こすようにコーミングし、丸くつなげます。

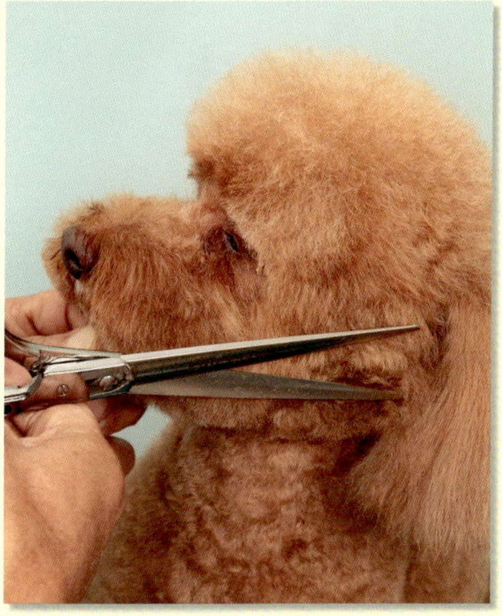

57 マズル側面より後ろは丸みを付けず、平らに整えます。

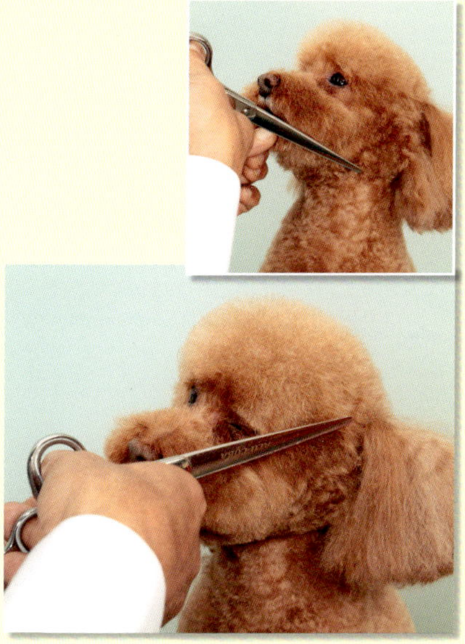

58 56と57、51と58のあいだの角を取ります。

61 耳をカットします。側望し、毛先をテーブルに対して平行にカット。さらに、前後の角を取るようにカットします。

60 頭頂部〜後頭部を整えます。⑤〜⑥の刈り始めと自然につながるように、後頭部〜耳の後ろをカットします。

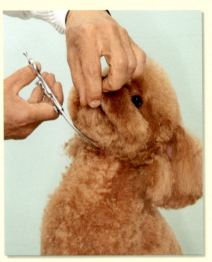

59 下顎の毛を手前へ出すようにコーミングし、前望して、左右の輪郭を下顎でつなげます。

64 内側から外側へ毛を出すようにコーミングし、テイルの根元に沿ってカーブシザーでぐるりとカットします。

63 テイルをカットします。テイルの毛をまとめて持ち、カーブシザーで毛先をカットします。

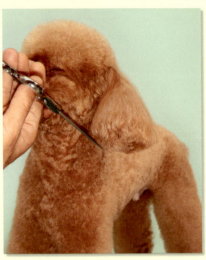

62 前望し、外側と内側の角を取るようにカットします。

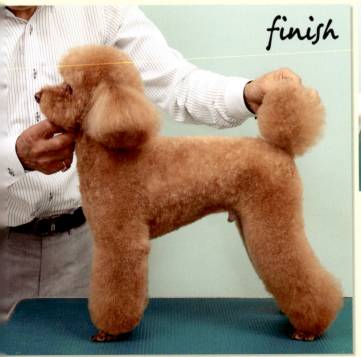

finish

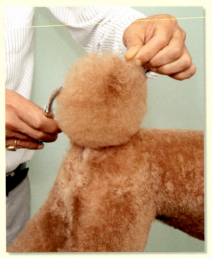

65 どこから見ても丸くなるように、カーブシザーでポンポンの形を整えます。

column 　　　　　　　　　　　　　　足バリを入れずに仕上げたいときは……

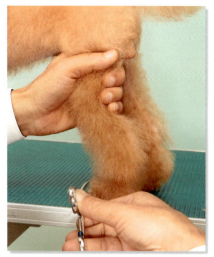

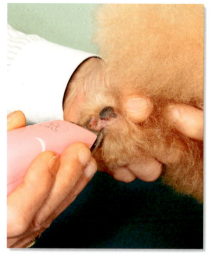

3 犬を立たせ、カーブシザーで足先を真っ直ぐにカットします。ハサミは、テーブルに対して垂直に当てます。

2 後肢の足周りをカーブシザーでカットします。足先の毛をコーム・ダウンし、パッドの丸みに合わせてハサミを当てます。

1 四肢の足裏を刈ります。パッドのあいだの毛を指でつまんで出し、パッドからはみ出す毛だけをミニ・クリッパーで刈ります。

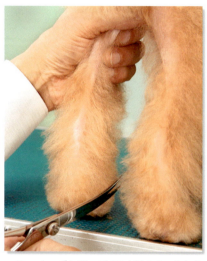
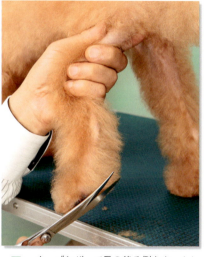
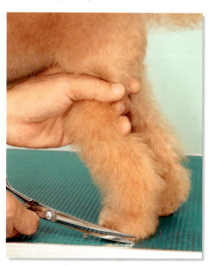

6 カーブシザーで足の内側をカットします。ハサミはテーブルに対して垂直、背骨に対して平行に当てます。③、⑤との角を取ります。

5 カーブシザーで足の後ろ側をカットします。肢を上げてパッドの丸みに合わせた角度でカットし、④との角を取ります。

4 カーブシザーで足の外側をカットします。ハサミはテーブルに対して垂直、背骨に対して平行に当てます。③との角を取ります。

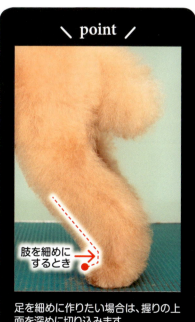

この後、飛節までの高さの約半分くらいまで垂直にカット

8 カーブシザーでフット・ラインの後ろ側をカットします。パッドの後ろから、テーブルに対して45度に切り上げます。

※前肢の足周りも同様に作業します。

\ point /

肢を細めにするとき

足を細めに作りたい場合は、握りの上面を深めに切り込みます

7 ③の切り口と、握りの上面の角を取るようにカーブシザーでカットします。後肢は太めに作りたいので、爪を覆う長さの毛を残し、握りの形をはっきり出さないようにします。

トリミング用語一覧

ア

	アイ・ステイン	涙を流すために、内眼角の下の毛が赤く染まった状態。涙やけ。
	アウト・オブ・コート(疎毛)	換毛期で被毛が乏しい状態。
	アウトライン	輪郭。
	アダムス・アップル	のどぼとけ。
	アップル・ヘッド	どこから見ても丸みを帯びたリンゴ状のスカル(頭蓋)のこと。
	アンギュレーション	骨格が接合する角度のこと。
	アンダー・コート	下毛。柔らかな綿毛で密生するが、犬種によってないものもある。
	アンダーライン	側望したときの、下胸部から下腹部へのライン。
	イマジナリー・ライン	仕上がりを想定した線。プードルでは一般に目尻から耳の内側の付け根を結ぶ線。
	インデンテーション	目と目のあいだに入れる逆V字型の彫り込み。
	ウィスカー	口吻から頭部にかけて生じる豊富なひげ。頬ひげ。
	エプロン(フリル)	頚部ののど元から長くなる前胸の被毛。
	オクシパット	後頭部。
	オーバー・コート(トップ・コート)	上毛。被毛のボリュームが多いときにも使う。

カ

	カプリング	ラスト・リブと寛骨のあいだの胴の部分。
	カラー・ライン	首周りを剃って入れる線。一般に、のどぼとけとキ甲を結んだ線。
	キドニー・パッチ	イングリッシュ・サドル・クリップでウエスト部分に作る彫り込み。
	逆剃り	毛流に逆らってクリッピングする作業。
	キャット・フット(猫足)	指趾を強く握り、アーチした状態。
	キュロット	臀部の毛が左右に分かれ、膨らんでいる状態。
	クラウン	頭頂毛、冠毛。頭部の飾り毛。
	クリッピング	クリッパーを使って被毛を刈る作業。
	グルーミング	犬の被毛の手入れすべてのこと。身体を清潔にし、美しく保つことを目的とする。
	毛吹き	被毛の量や密度、長さの状態。
	ケープ	首から肩先を覆う豊富な被毛。
	肛門腺	肛門のすぐ下にある、臭いを出す袋。
	コート	被毛。外毛層、下毛層からなる二重層(ダブル・コート)が一般的。プードルはシングル・コートとされる。
	コーミング	コーム(くし)を使い、毛のもつれをほぐしたり、毛並みを整えたりすること。

サ

	シザーリング	ハサミで被毛をカットする作業。
	シルキー・コート	絹糸のようになめらかで、細く長い毛。絹状毛、絹糸状毛。
	ジャケット	ダッチ・クリップの上着の部分(前躯部)。
	触毛	接触したことを感知する感覚毛。太くて硬い毛。
	シングル・コート	下毛がなく、上毛のみの被毛構成のこと。
	スイニング	スキバサミで余分な毛を取りのぞき、薄くしたりぼかしたりする作業。
	スウェイ・バック	背線のたるんだ背。
	スウェル	トップ・ノットを作ったときにできる膨らみ。
	スカート	長毛犬種の、地表に近い部分の毛。
	ストップ	額段。スカルとマズルのあいだにあるくぼみ。
	スムース・コート(スムース・ヘアー)	ぴったりと寝た、手ざわりのなめらかな短毛。
	スロープ・ライン	後肢後ろ側の緩やかな線。
	セットアップ	理想の形に整えること。プードルではショー・クリップで頭部の毛を整えるときにも使う。

タ

	タック・アップ	胴の深さが浅くなり、腹部が巻き上がった部位。
	タッセル	耳先に形をつけて刈り残した毛。耳先の房毛。
	ダブル・コート	上毛と下毛の2種の被毛構成のこと。
	チッピング	被毛の先をハサミで切りそろえる作業。
	テイル・セット	テイルの付いている位置、またその状態。
	デス・コート	脱落期に抜け落ちる毛。枯毛、古毛。

	テディベア・カット	顔の毛をクリッパーで刈り取らないスタイル。
	徒長毛（ちょうもう）	毛表全体の輪郭から飛び出す長い毛。
	トップ・コート	外毛。毛層の最も外側にある毛。
	トップ・ノット	頭頂部の長い房状の飾り毛。また、それを頭頂で結んだもの。
	トップ・ライン	側望したときの、オクシパットから尾端までの犬の上面のアウトライン。
	ドライング	ドライヤーを使い、被毛をブラッシングしながら乾かす作業。
	トリミング	犬体各部のバランスを取るため、プラッキング、クリッピングまたはシザーリングなどの技法で被毛を整える作業。
ナ	並剃り	毛流に沿ってクリッピングする作業。
ハ	ハイオン・レッグス	胴が短く、肢が長い体型。
	パスターン	前肢の手根関節から指部までの中手骨の部分。
	パッド	足の裏。肉球。
	パフ	プードルをクリッピングするときに、前肢に残す丸い毛のかたまり。
	パーティング・ライン	コートに付ける分け目の線。
	バンド	主にダッチ・クリップの前後躯の区切りとなる、帯状の分け目。
	鼻梁（ノーズ・ブリッジ）	ストップから鼻までのマズルの上面。鼻筋。
	ヒール・パッド	掌球。前肢の足の裏のかかと側。
	ファーニシング	頭部、肢、尾などに生えている長い飾り毛。
	フェザリング	頭頂部、耳、肢の後ろ側などにある羽毛状の長い飾り毛全般。
	フォール	顔面に覆いかぶさる頭頂部。かぶり。
	フラッグ	背と水平に上げ、長い毛が三角旗のように垂れ下がった尾の形。旗状尾。
	ブラッシング	ピンブラシを使い、毛のほつれをほぐしたり毛並みを整えたりすること。
	フリル	飾り毛、とくに四肢の後ろ側の飾り毛をいう。
	フリンジ	飾り毛。
	ブレスレット	プードルをクリップしたとき、肢関節に作る腕輪のような毛。イングリッシュ・サドル・クリップでは上部のものをアッパー・ブレスレット、下部のものをボトム・ブレスレットという。
	ブレンディング	コートの長い部分と刈り込んだ部分が自然につながるように、スキバサミなどでラインをぼかすテクニック。
	ブロークン・ヘアード（ブロークン・コート）	粗毛の一種。起立した針金状の被毛。
	フロント・ブレスレット	前肢に作るブレスレット。
	ベイジング	シャンプーし、よく洗った後にシャワーで十分すすぐ作業。
	ポンポン	プードルの尾先に付ける球状の飾り毛。
マ	メイン・コート	コンチネンタル・クリップやイングリッシュ・サドル・クリップで前躯を覆う被毛の部分。
ラ	ラスト・リブ	肋骨のいちばん後ろの小さい骨。
	ラッピング	長毛種の被毛全体、または一部を部分的にパーティングし、セット・ペーパーなどで包み、ゴムで留めて保護する方法。
	ラフ	頚部周囲の長くて厚い毛。
	ラフ・コート	粗毛や軟毛が不規則に入り混じった毛状。
	リア・ブレスレット	後肢に作るブレスレット。
	レーキング	ナイフなどで、デス・コートをかき取る作業。
	ローオン・レッグス	胴が長く、肢が短い体型。
	ロゼット	腰に左右1つずつ作る半球状の部分。
	ロング・ヘアード（ロング・コート）	長毛。
ワ	ワイアー・ヘアード（ワイアー・コート）	上毛が硬く、針金状の毛質のこと。

金子幸一 (かねこ こういち)

ヴィヴィッドグルーミングスクール学長、JKCトリマー教士・試験委員。トイ・プードルのショーイングとブリーティングに長年携わる、プードルのスペシャリスト。そのカット技術および理論には定評があり、近年は国内のみならず、アジア各国でのセミナーやコンテストに講師・審査員として招かれることも多い。
http://www.vivid-gs.com/

プードル・トリミングの教科書

2016年11月1日　第1刷発行
2023年6月1日　第2刷発行

著者	金子幸一
発行者	森田浩平
発行所	株式会社緑書房
	〒103-0004
	東京都中央区東日本橋3丁目4番14号
	TEL 03-6833-0560
	https://www.midorishobo.co.jp
印刷所	広済堂ネクスト

© Koichi Kaneko
ISBN978-4-89531-283-7
Printed in Japan
落丁・乱丁本は弊社送料負担にてお取り替えいたします。

本書の複写にかかる複製、上映、譲渡、公衆送信（送信可能化を含む）の各権利は株式会社緑書房が管理の委託を受けています。

JCOPY ＜（一社）出版者著作権管理機構 委託出版物＞

本書を無断で複写複製（電子化を含む）することは、著作権法上での例外を除き、禁じられています。本書を複写される場合は、そのつど事前に、（一社）出版者著作権管理機構（電話03-5244-5088、FAX03-5244-5089、e-mail:info@jcopy.or.jp）の許諾を得てください。また本書を代行業者等の第三者に依頼してスキャンやデジタル化することは、たとえ個人や家庭内での利用であっても一切認められておりません。

編集	川田央恵、糸賀蓉子、山田莉星
写真	小野智光
取材・文	野口久美子、『ハッピー＊トリマー』編集部
カバー・本文デザイン	quomodoDESIGN（三橋理恵子）
本文DTP	明昌堂